湿地公园生态修复与规划设计研究

于　英　王凤贤　任美琪　著

中国原子能出版社

图书在版编目（CIP）数据

湿地公园生态修复与规划设计研究 / 于英，王凤贤，任美琪著. -- 北京 : 中国原子能出版社，2021.9

ISBN 978-7-5221-1606-8

Ⅰ. ①湿… Ⅱ. ①于… ②王… ③任… Ⅲ. ①沼泽化地－公园－生态恢复－研究②沼泽化地－园林设计－研究 Ⅳ. ① P941.78 ② TU986.2

中国版本图书馆 CIP 数据核字（2021）第 199093 号

湿地公园生态修复与规划设计研究

出版发行 中国原子能出版社（北京市海淀区阜成路 43 号 100048）

策划编辑 杨晓宇

责任印刷 赵 明

装帧设计 王 斌

印　　刷 天津和萱印刷有限公司

经　　销 全国新华书店

开　　本 787mm×1092mm 1/16

印　　张 11.5

字　　数 213 千字

版　　次 2021 年 9 月第 1 版

印　　次 2022 年 1 月第 1 次印刷

标准书号 ISBN 978-7-5221-1606-8 **定　价** 68.00 元

网　址： http//www.aep.com.cn **E-mail：** atomep123@126.com

发行电话： 010-68452845

作者简介

于 英

女，1974 年 7 月出生，山东省烟台市人，毕业于哈尔滨工业大学，博士研究生学历，现任烟台大学任副教授，硕士生导师。研究方向：城乡规划专业。主持并完成教育部科研项目一项、山东省科技厅科研项目两项、烟台市人文科研项目一项、烟台市自然资源和规划局科研项目一项，参与国家自然科学基金项目一项，发表论文十余篇。

王凤贤

女，1990 年 2 月出生，河北省衡水市人，毕业于重庆大学，硕士研究生学历，现任烟台大学任讲师。研究方向：城乡规划专业。主持并完成山东省文化艺术重点科研项目一项、参与山东省社科科研项目一项、烟台市自然资源和规划局科研项目一项，发表论文一篇。

任美琪

女，1991 年 3 月出生，山东省泰安市人，毕业于英国伦敦学院，硕士研究生学历，现任烟台大学任讲师。研究方向：城乡规划专业。参与山东省文化艺术重点科研项目一项、烟台市自然资源和规划局科研项目一项，发表论文一篇。

前　言

湿地被誉为“地球之肾”，是地球上独特的生态系统和城市中重要的自然资源之一。城市湿地也是城市绿地生态系统的重要组成部分，具有储蓄水源、防洪抗旱、调节地区小气候、保护生物多样性等功能。近年来，由于环境污染，湿地资源过度消耗，湿地面临大面积退化，因此如何缓解湿地的退化，对城市湿地进行生态修复性规划已经成为国内外专家学者研究的重点。湿地公园具有生态功能的同时兼顾景观功能，将湿地景观设计和湿地生态恢复进行全面有效的结合，使湿地步入可持续发展的道路，是目前湿地景观恢复性设计需要迫切处理的课题。

全书共七章。第一章为绪论，主要阐述了湿地、城市湿地、湿地公园、城市湿地公园等内容；第二章为湿地生态补偿概念及其理论，主要阐述了湿地的生态补偿概念、湿地生态补偿的法律制度研究、湿地生态补偿市场化的法律制度研究等内容；第三章为湿地公园生态修复研究现状，主要阐述了国内研究现状和国外研究现状等内容；第四章为现代湿地公园的生态修复，主要阐述了生态修复概念辨析、湿地公园生态修复原则、湿地公园生态修复目标以及湿地公园生态修复手段等内容；第五章为现代湿地公园的营建模式，主要阐述了湿地公园的营建模式、湿地公园的营建方法等内容；第六章为现代湿地公园的规划设计，主要阐述了湿地公园规划设计的原则、湿地公园规划设计的理念、湿地公园规划设计的步骤以及湿地公园生态景观设计要素等内容；第七章为湿地公园生态修复的案例，主要阐述了成都市青龙湖湿地公园和浙江德清下渚湖湿地公园等内容。

为了确保研究内容的丰富性和多样性，在写作过程中参考了大量理论与研究文献，在此向涉及的专家学者们表示衷心的感谢。

最后，限于作者水平有不足，加之时间仓促，本书难免存在一些疏漏，在此，恳请同行专家和读者朋友批评指正！

作　者

2021 年 1 月

目　录

第一章 绪论

湿地因为具有多种生态效益，正逐步得到人们的认可和重视，湿地公园的建立与发展，是对湿地的一种有效保护、扩大和维护的手段。通过湿地公园规划设计可有效地将湿地与景观充分的联合在一起，从而发挥其联合的最大效益。本章分为湿地、城市湿地、湿地公园、城市湿地公园四部分。主要内容包括：城市湿地的定义、城市湿地的特征、城市湿地的功能、城市湿地公园的定义、城市湿地公园的特征等方面。

第一节 湿地

湿地本不是风景园林学科的概念，作为全球三大生态系统之一，涉及气候、土壤、水文、动植物等诸多元素。国内外不同领域的学者基于其领域的特异性，对湿地进行过不同程度的概念阐释，希望通过了解湿地的成因、基本特征、边界及其功能，为后续湿地公园等概念的进一步理解打好基础。因此，将从湿地的成因演化、边界和功能展开讨论，对湿地特征进行针对性总结。

一、湿地定义的发展

湿地定义最早是基于湿地作为水禽栖息地而提出的，其概念仅仅强调浅水或间歇性积水的低地，并没有对湿地的水深做出规定。1979 年，美国鱼类和野生动物管理局（FWS）重新对定义进行完善，提出湿地水生植物需周期性或长期占优势；基地以排水不良的水成土为主；非土壤需不分时间被水浸或水淹。新定义完善了之前湿地单因素的界定，包含植被、水位和土壤的多层界定，被美国湿地学界广泛接受。

国内关于湿地的定义并没有统一而成熟的结论，其概念主要依据国际上被广泛认可的湿地公约。而湿地公约中对湿地的解释过于宽泛，除了我们常说的沼泽地、泥炭地等自然湿地以外，也包括水库、稻田、池塘等人工湿地。这种广义的分类有利于对湿地进行全面的、有效的保护管理，但综合解读公约中湿地的定义，我们依旧很难挖掘湿地的相关特征，例如湿地的水陆边界到底在哪里，湿地和普通的水景景观有什么区别等。

二、湿地的成因及演化

湿地的形成与演替是基于不同区域的气候、地质、水文等因素综合作用的发生过程，不同区域环境下往往会形成不同类型的湿地。人工湿地生境营造主要是基于对自然湿地的认识。目前，我国许多人工湿地建设脱离了自然湿地的结构特征，致使湿地生境难以维持自然的演替进程，逐步走向退化，甚至面临湿地生境消失的问题。因此，研究湿地的成因及演化有助于我们了解湿地本来的生境结构特征，帮助我们更加科学合理地恢复自然湿地资源以及新建人工湿地生境。

我国最多的湿地类型为沼泽湿地，这主要得益于政府的重视与保护。调查数据显示，我国沼泽湿地增加的一大重要因素源于湖泊沼泽化。而退化最严重的是海与海岸湿地，这主要是人为开发和围垦造成的。除沼泽湿地和海岸湿地以外，我国的湿地类型还包括河流湿地、湖泊湿地、人工湿地。下面将选取具有代表性和广泛性的几种湿地类型进行成因的梳理。

（一）沼泽湿地

沼泽湿地是陆地与水域双向演替的表现形式，可分为陆地沼泽化和水域沼泽化。陆地沼泽化主要发生在温暖湿润地区，当地表或地下水过多，土层通气性逐渐下降，植被通常向稀疏、厌氧发展，形成沼泽，这是草甸沼泽化的主要演替过程。当林下落叶逐渐积累，土壤难以吸水导致地表过湿，以及残落物分解引起的土壤灰化导致土壤透水性变差，都将使土壤变成嫌氧环境，森林的更新逐渐变缓，最终泥炭积累形成沼泽，这是森林沼泽化的主要演替过程。水域沼泽化主要发生在水位较浅、流动性弱、水温适宜、透明度好、含盐度低的地方。浅水缓岸通过地表及地下径流带入矿物质、有机质及浮游生物，在水流动较缓的前提下沉入湖底，在光照充足的环境下开始生长大量低等藻类及浮游生物，并逐步形成地下腐泥层，湖水开始淤浅。随着植物逐渐生长、死亡，从陆缘到水域的挺水植物、浮水植物和沉水植物沉积于湖底，由于湖底氧气不足，残体分解缓慢，逐渐形成由外缘向湖心收缩的沼泽化景观。当湖岸较陡时，漂浮植物沿岸的沉积、风带来的矿物质停留在水面中心漂浮植物中形成的浮毯，逐年积累，最终相接，形成同时由湖中心向岸、由岸向中心发展的湿地景观。当然，绝大多数的水域同时具有向心式与离心式的沼泽化现象。

沼泽湿地的演化主要由于泥炭的积累，导致土壤逐渐贫瘠，形成从富营养阶段向中营养阶段到贫营养阶段的演化过程。富营养阶段植被通常以蔓草属、芦苇属为主，土壤成中性或偏碱性。从富营养阶段逐渐过渡到贫营养阶段，植被类型逐渐被羊胡子草属、水藓属植物所替代，土壤也逐渐酸化。湿地并不是最终都走向贫营养阶段，我国的许多湿地在发育过程中会形成某一阶段的缺失或在某一特定阶段终止，这与湿地所在的环境及认为活动的影响有关。例如受到人为破坏和污染少，在中性或微碱性及养分充足的土壤条件下，有利于富营养阶段长期稳定。

（二）湖泊湿地

湖泊湿地的形成主要取决于断裂活动的下沉和沉积物的积累之间的关系，一般始于湖盆下陷，终于沉积，最终演变为湿地。湖滨湿地的形成主要受潜水和洪泛的影响。水位上升的丰水期，导致莎草科及禾本科植物以及喜湿的木贼、芦苇、苔藓等植物大量生长繁殖。湖岸周边土壤处于嫌气分解状态，植物残体分解速度慢，有利于泥炭的堆积作用。水位下降的枯水期，土壤恢复分解能力，积累的有机质得到分解。

（三）河口湿地

河流入海口在河水搬运泥沙，海水河水交汇形成化学沉积的双重影响下，逐渐形成河口三角洲。泥沙淤积首先形成水下三角洲，随着不断沉积，逐渐向水上三角洲发展，三角洲湿地生态系统也随之发生变化。

例如，黄河三角洲湿地从海域到陆地的发展过程为：水下三角洲湿地、低潮滩湿地、潮间带下带光滩湿地、潮间带中带翅碱蓬沼泽、潮间带中上带怪柳林沼泽、潮间带上带芦苇沼泽。

三、湿地的基本要素

在对不同湿地类型成因和演替的解读中我们不难发现，湿地生态系统是一个复杂的“反应装置”，其在水文、土壤、微生物、植被、气候等条件的综合作用下，完成缓慢的演替进程。从风景园林的角度来看，在这些湿地要素中，比较容易被我们所利用，会对景观效果产生直接影响的主要是水文、土壤和植被要素。

（一）水文要素

水，作为湿地最典型的要素，是区别湿地与陆地最基本的条件。但由于湿地水位受季节性影响会产生动态变化，难以通过水的边界来界定湿地的范围。湿地中的水来源丰富，既包括降雨水源，也包括地表径流和地下径流形成的水。这些水源既可以溢出，以水洼和浅水的形式出现，也可以蕴藏在湿地土壤中，形成水成土。因此，湿地中的水要素不能单单通过水位深浅来评定，而需结合其他要素，诸如土壤和植被进行综合考虑。

（二）土壤要素

湿地介于高地系统和深水系统之间，其土壤条件往往区别于高地土壤。其土壤受季节性水淹影响，主要特点包括在生长季节水分饱和，或者受到足够时间的水淹。这种土壤我们称其为水成土。水成土的上层通常为厌氧环境，植物残叶在微生物作用下形成积累的腐殖质和泥炭，下层由于排水不良有潜育化特征。随着水位的涨跌，土壤中氧气含量不同，微生物对植物残体的分解速率受到影响，会形成泥炭堆积或消耗的变化过程。

（三）植被要素

湿地土壤的形成和演替离不开湿地植物，土壤泥炭层的形成主要源于植物残体。湿地的植物同时也受到土壤要素和水文要素的影响。当污水（农药、生活污水与工业排放废水）流经湿地时，植物可以减缓水流速度，有效沉淀和滞留污水中的有毒物质。水中的营养物被植物根系吸收，转化到土壤泥炭层中，养育了湿地中的植物和其他消费者，同时也起到净化水源的作用。

湿地作为复杂的生态系统，水位涨落、水中微生物与物质变化均影响湿地生态系统的变化，土壤随有机物沉积发生变化，植被随生境条件发生变化。这些变化追根溯源，来自气候季节性的变化，因此湿地的生境特征也是具有季节性和动态性的。

四、湿地的边界

湿地的演替是动态变化的过程，湿地生境的形成在自然生态系统层面很难以人为的方式对边界进行划分。目前，湿地公约及大多数学者对湿地的定义仅限于广义的理解，这种广义上的定义是定量的，有利于人为对湿地空间进行明确的界定，利于湿地的管理。

而从生态的角度讲，湿地生境作为水陆过渡带，本身带有模糊的属性，并不具有明确的边界。从湿地演替的分析来看，湿地的特征在于其要素间相互作用所形成的湿地特有的生境条件。因此，湿地的定义可以从湿地自身的要素出发，基于水深、土壤属性、先锋植物群落类型来进行划分。常年具有明水面的，水深在 90 ～ 220 cm 的开阔水域；具有季节性积水，水深 15 ～ 90 cm 的沼泽生境；具有水成土特征，水深 0 ～ 45 cm 的湿草甸生境；具有水成土特征，常年没有明水面，以耐水湿灌木为主的灌木沼泽和以耐水湿乔木为主的森林湿地区域，这些区域的集合，均属于湿地定义的范畴，即可定义为湿地的边界。

第二节 城市湿地

一、城市湿地的定义

城市湿地的定义，在学术领域众说纷纭，没有详细固有的定义。一般来讲城市湿地是分布于城市中的湿地，按照其来源与组成，大体可以分为人工、半人工和自然三大类型。它是城市生态环境的基础组成，景观生态学的角度来看，它主要是对城市公共开放的自然景观。例如，在沿海和河口，三角，水源保护区，自然和人工池塘和污水处理与水陆过渡性质的地带。城市湿地具有生态效益和服务于城市生活功能。为人类的生产生活提供宝贵资源，美化市区环境，成为动植物栖息生存地。

城市湿地具有一定的净化环境的作用，城市生活中积累的废水可以通过湿地得到净化进而再利用。我国成都活水公园就是一个典型成功的案例，该手法低碳环保，费用低廉。湿地内高于地表的水面及丰富绿色植被资源的蒸腾作用能够降低区域温度、增加湿度，有效地调节小范围内的气候条件。开发城市湿地，不仅增加了城市绿地使用面积，而且还为城市人口提供了一个公共休闲场所与亲近自然的机会。湿地公园是以自然景观为主，与区域文化特征的融合，有利于当地居民理解湿地的作用和影响，提高环境保护意识。自然中的湿地一般远离城市，人们可望而不可即，无法形成全面立体的感官感受。城市湿地弥补了这一缺陷，其具有观赏、科普、生态和教育传播文化的多种功能，让人们不用走出城市，就能认识、了解、欣赏、享受湿地。城市湿地的作用虽然已经引起人们的重视，但随着经济的快速发展，城乡化的加剧升温不可避免地使城市湿地面积日益减少。美国农业部调查表明，城镇化是引起湿地面积减小的主要原因，流域湿地减少的96%来自城镇化过程。

二、城市湿地的特征

随着城市化的日益发展，市政建设的日益扩大，使得城区环境也发生了翻天覆地的变化，特别表现在城市湿地的生态属性上，同自然湿地相对而言有较大差距，具体体现为以下几个方面。

第一是自然特征，由于城市化的发展，城市原本拥有的自然湿地一步步被坚硬的钢筋混凝土浇筑所替代，从而破坏了湿地内部的生态环境，造成了湿地板块的支离破碎，导致板块之间连接度低，面积的缩小、联系的破裂，对湿地来说无疑是一种灭顶之灾。

第二是功能特征，城市湿地与自然湿地一样，不单单具有强大的生态服务功能，而且同时也成为市民带来的休闲以及提高科普教育的重要场所，且这种功能将日趋强大。

第三就是治理方式，通常而言，城市湿地不是自然保护区，也不是一般的公园，而是一个综合的，湿地与城市的复合体。政府部门为治理城市湿地提供了科学的指导，依靠群众、居民的力量，为建设城市湿地添砖加瓦。

三、城市湿地的功能

（一）休闲娱乐

看惯了钢筋混凝土浇筑而成的城市，厌倦了轰鸣的汽车喧闹声，人们迫切地需要身心的释放，需要享受真实的自然，聆听自然的声音，来缓解积蓄在心中的辛劳，在自然找回自我。

（二）美学价值

湿地是城市景观的重要组成，它灵活改善了城市景观单一的弊端，在城市中是一条独特的风景线。并且同现代化的都市和谐相融，和谐同存，一同创造了适宜人类生存、居住、生活的和谐城市环境。

（三）调蓄洪水

城市湿地是城市天然的防洪排涝体系。湿地是水体系统和陆地系统的过渡地带，因此具有很强的调蓄水源的能力。湿地水位雨季过后上升，蒸发旺季下降，从而可以调节区域气候，储存多余水量，从而保证生活生产有稳定的充足的水源。

（四）经济效益

生态系统都有很强的自我调节功能，城市湿地完全可以通过植物自然吸收和微生物降解来提高污水的净化，从而降低建设成本，继而减少“建不起、养不起”的问题。

（五）科研教育

湿地生态系统中有着丰富的动植物资源，这对自然科学教育有着重要作用，同时对湿地生态系统的科学研究也提供了天然的实验观察基地，可以对物种的生境、繁殖、迁徙规律、生活习性等做充分的监测研究。城市湿地公园的建立让更多的人关注湿地，从而具有认识湿地重要性的作用，也可以让游人在观赏的同时学习更多的自然科学知识，更好地保护湿地生态系统。

（六）地下水补给

湿地可以补给地下水，它的过渡性决定湿地可以带来一定的水源，从而保证城市居民有充足的、必需的水源。

（七）改善城市环境

城市化发展的逐年加速带来的是十分严重的热岛效应。城市湿地可以利用其特有的生态功能，储水、渗透和蒸发的作用，通过地表和地下径流进行循环，调节小气候，降低热岛效应，进而改善城市环境的质量。

（八）保护生物多样性

湿地类型的区域性和湿地分布区域景观的复杂性，为生物创造了多样的生境，同时湿地本身作为水生生态系统与陆生生态系统之间的生态交错带，由于其具有特殊的边缘效应，具有独特的生物多样性。湿地物种繁多，植物种类非常丰富，净初级生产力十分高；湿地水陆交错带周期性的淹没过程为鱼类繁衍生息提供了有利的生态环境，从而保持多样的鱼类种群资源；周期性的过水同时也为许多水鸟提供了食物来源以及繁殖栖息的地方。

因此，湿地环境容纳了大量的陆生与水生动物、植物和微生物资源，对于保护物种资源，维系物种多样性具有难以替代的生态价值。湿地植物类主要有耐湿植物、浮水植物、挺水植物、沉水植物等，动物类有爬行类、鱼类、两栖类以及禽类等，同时也包含大量的厌氧微生物。

第三节 湿地公园

一、湿地公园的定义

湿地公园是指生态旅游和生态环境教育功能的湿地景观区域兼有物种及其栖息地保护。其特点是湿地景观典型，自然风景优美，可供人们观赏、旅游、娱乐、休息或进行科学、文化、教育活动。湿地公园的宗旨是，科学合理地利用湿地资源，充分发挥湿地的生态、经济和社会效益，为人们提供游憩的场所，享受优美的自然景观。

湿地公园的宗旨是科学合理地利用湿地资源，充分发挥湿地的生态、经济和社会效益，为人们提供游憩的场所，享受优美的自然景观。它是提供湿地景观和设施，进行科学研究、教学实习、科普宣传和青少年自然知识教育的基地，提供人们休闲度假、旅游观光、陶冶情操的理想的场所。

二、湿地公园的建设要素

一是具有典型性、代表性的湿地自然景观。是具景观美学功能的湿地，其文化美学意义鲜明。

二是具有依法确定的管理范围，其湿地资源权属清晰。湿地公园的资源权属必须清晰，这是进行有效管理的前提和保证，湿地公园管理机构应是其资源的拥有者，对园内资源（水源、土地、植被等）具有合法的管理权。

三是具有健全完善的管理机构，能对所辖区域进行有效管理。湿地公园要建立适应管理工作需要特别是适应新型投资机制的管理机构，要理顺管理体制，不能由于资源管理隶属不同，形成多头管理，造成管理不力，影响管理成效。

四是具有相当完善的旅游设施。湿地公园必须具有完善的旅游设施，以保证游人来到湿地公园感到舒适、愉悦和安全，使游人感到物超所值，不虚此行。特别是湿地公园应建有湿地生态环境教育的设施，使游人在休闲的同时获得知识，以提高公众的环境保护意识。

五是依照法定程序申报，经地方或国家湿地主管部门批准建立。湿地公园的建立必须履行法定程序进行申报，并按规定严格履行申报手续，以保证湿地公园的建设健康发展。

湿地公园是国家湿地保护体系的重要组成部分，与湿地自然保护区、保护小区、湿地野生动植物保护栖息地以及湿地多用途管理区等共同构成了湿地保护管理体系。发展建设湿地公园是落实国家湿地分级分类保护管理策略的一项具体措施，也是当前形势下维护和扩大湿地保护面积直接而行之有效的途径之一。

第四节　城市湿地公园

一、城市湿地公园的定义

根据《国务院办公厅关于加强湿地保护管理的通知》及其他湿地保护管理文件下划的公园类型，中国的湿地公园按类型可分为“湿地公园”和“城市湿地公园”，这两者的区别主要在于地理位置的不同。“城市湿地公园”限定了地理位置位于城市内部的湿地公园。根据 2005 年 6 月建设部城建司颁布的《城市湿地公园规划设计导则（试行）》，其中规定了城市湿地公园的定义：城市湿地公园是一种独特的公园类型，是指纳入城市绿地系统规划的、具有湿地的生态功能和典型特征的，以生态保护、科普教育、自然野趣和休闲游览为主要内容的公园。城市湿地公园的准确定义是通过与相关概念对比得出的。

首先，城市湿地公园与湿地的对比。首先城市湿地公园必须具有与湿地一致的水文、土壤和植物特征。同时也要具备普通湿地不具备的景观价值和文化科教价值。是经过人为设计的人工景观，有各种满足人们游憩、科学教育、休闲等功能的设施。

其次，城市湿地公园与水景公园的对比，在于水景公园强调的是水元素在景观当中体现的形态美。湿地公园强调了水作为生态资源在湿地生态系统中的生态特性，城市湿地公园相对更具生态效益。

二、城市湿地公园的特征

（一）自然特征

湿地生境气候特征反映区域地理气候特征，湿地水文状况是区域气候学、地质学和地形学所表现的综合特征。

受到城市化的影响，城市湿地形成了分布不均匀、面积较小、孤岛式的湿地斑块，斑块之间的结合度下降，从而增加了湿地内部生境破碎化的程度。就气候特征而言，城市湿地具有与城市区域不同的气候特征，而且因城市功能区不同而有很大差异。

（二）空间特征

1. 斑块破碎程度高

以湿地为基底建立的公园，其空间必然受其场地条件限制，所以它最典型的空间特征是半陆地半水面的状态，曲折的水岸线与大量的岛屿，加之公园内湿地本体破碎化程度高，所以其空间景观斑块破碎化程度也高。

2. 均质性

城市湿地公园的空间均质性主要是相对景观生态学中的异质性而言的，异质性是景观要素及其属性在空间分布上的不均匀性和复杂性。城市湿地公园中景观主要以单一的植物形态为主导，景区内的其他人工景观元素比例和规模都比较小，所以空间形态较为均质。

3. 空间层次较单一

湿地公园本身基底处于地形较低地势平坦的地带，植物也是以湿生植物为主，景观建筑规模小、分布分散，且湿地公园整体的水域面积较大，所以空间较为开阔，竖向变化少，空间层次单一。

（三）景观特征

1. 生物景观多样性

受气候、地形地貌、水文等因素的影响，使得湿地景观呈现多样性类型。不同湿地基底的湿地公园拥有不同的湿地景观，形成丰富多彩的景观效果。即使是在同一城市湿地公园中也会表现出多样性，为了满足游赏、观赏的需求及湿地自然生态系统过渡及演变本身带来的变化，都体现出城市湿地公园景观多样性。

2. 生物景观多元性及区域特色明显

城市湿地公园中植物种类以及动物种类都呈多元化，并且带有区域特色。植物类包括沼泽植物、浮游植物、挺水植物、底栖植物等。既包括耐湿的植物，也包括适合本土的、抗逆性强的湿生植物，这些植物能在当地自然条件下生存和生长，形成了植物群落自肥的良性循环；动物类包括水禽、涉禽、鱼、两栖、爬行类等；微生物主要是厌氧微生物。在不同地域城市湿地公园也会体现当地特色文化、特色物种，如太湖湿地公园体现渔乡文化、扎龙湿地则体现当地特有物种丹顶鹤文化。

（四）人文特征

城市湿地公园作为城市绿地系统的一部分，是一般公园的延续空间。在发挥生态保护功能的同时，也发挥着为城市居民提供休闲、游憩的景观功能，满足居民参与到生态景观中的游赏需求。同时，城市湿地公园内有着丰富的植物景观、昆虫、鸟类和鱼类等动物景观，景观效果十分生动。能在让人们观赏游玩之际，感受到湿地水质净化和生态保护的强大功能，在不知不觉中受到印象深刻的科普教育，加强人们对环境保护的意识。

（五）生态系统特征

城市湿地公园属于一个完整的生态系统，具有一定规模，但就其本身属性而言，它是陆生生态系统与湿生生态系统过渡的一种特殊生态环境，具有动态性和不稳定性，这种特性直观体现在植被生长方面。通常在植物配置方面会选用一种或者几种植物作为基调植物种，有生长优势，可以有助于快速形成完整的植物景观效果，但过度密植会使植株间通风不畅，影响光合作用，造成植物的生长不良和枯死现象，产生的植物残体代谢量远超湿地的分解消化负荷，再加之鸟类粪便等的堆积代谢，会使湿地快速被这些有机物填埋，加速其由湿生生态系统向陆生生态系统的转化，致使湿地退化。而且受天气的影响，在湿地干旱时，杂草的大量入侵也会引起湿生植被群落的生长，从而影响湿生生态系统的演替变化。

另一方面城市湿地公园是有一定人工使用功能与自然生态结合的环境，它的湿地生态系统或多或少会受到人为干扰，比如在设计规划方面考虑到科普以及展示的需求，会使湿地斑块分布相对不均，面积较小且连接度低，造成许多湿地斑块生态敏感性高，生态系统结构脆弱，易发生局部的生态系统演替变化等情况。但是适度的人为干扰也会给湿地生态系统带来好处，比如适度的人为干预可以调整场地内部的生态环境，优化内部的生态结构，保证适度景观内部各元素以及生态系统内的物种、群落的能量能够自我循环和转换，形成一个完整的在一定程度上可实现自我调控修复的体系。

三、城市湿地公园的类型

对于城市湿地公园的分类是一项复杂、困难的工作，需要多学科的专业知识进行交流汇总。目前已有许多科学家和学者对城市湿地公园分类给出了比较清楚的方法。城市湿地公园由于其建成之初的场地环境条件不同，导致其设计建成的形式多样，依据不同分类标准可划分为不同的类型。

一是按人类对湿地公园中湿地的干扰程度进行划分，分为自然湿地公园、半自然湿地公园和人工恢复湿地公园；

二是按照湿地利用类型划分，分为河口湿地公园、湖泊湿地公园、沼泽湿地公园、人工湿地公园；

三是按照湿地公园与城市地理位置的关系划分，分为城中型湿地公园、城郊型湿地公园、远郊型湿地公园。

但是综合以上分类要么分类太宽泛、要么分类内容不能完全符合中心城区城市湿地公园的实际情况。相较于此，成玉宁教授提出的根据场地基底条件的不同，对湿地公园进行分类是比较符合实际情况的。其认为湿地公园最根本由基底生境条件决定，不同的湿地资源类型其生态特征及呈现的湿地景观空间形态也大为不同，这影响着湿地景观最终的设计结果，因为对湿地公园湿地景观的设计是以保护该区域的湿地生态系统为基础，进行景观设计，所以湿地资源基底属性决定了湿地景观的最终表达结果。所以根据湿地公园在被建成之初的基底原貌将城市湿地公园划分为四种类型：湖泊型湿地公园、农田型湿地公园、河流型湿地公园、人工修复型湿地公园。

（一）湖泊型城市湿地公园

湖泊型城市湿地公园建造之前原始的基底通常是大型自然湖泊或人工水库，为了保护和合理利用城市内部或周边的这种湖泊资源，在其水陆交界处建设成湿地公园。在城市湿地公园中大多数属于湖泊型城市湿地公园。这种湖泊型湿地公园其基底形成是由湖水长期冲击陆地所沉积而成的，所以在建造湿地公园时，这类公园在空间形态上有着明显的肌理特征，水体与陆地空间形态通常显现互相渗透交叉的网格状空间构型。

从规模方面来看，这类湿地公园占地面积较大，其中湖水面积占比较大，使用开发的用地面积较小，因此呈现给游客的视觉感官通常是空间舒展，视野广阔的湿地景观。从生态价值方面来讲，其对鸟类栖息地的保护和营造有着重要意义，一般都会在湖岸附近通过营造人工岛屿，而这些人工岛屿和浅水滩涂恰恰是鸟类迁徙的理想栖息地，许多湖泊型湿地公园都拥有丰富的鸟类资源。

（二）农田型城市湿地公园

农田型城市湿地公园一般是针对水稻田这种基底条件进行优化建造的，所以分为冲田型湿地公园和好田型湿地公园。冲田型湿地公园的场地一般位于丘陵或山间谷地的农田湿地。基于对这种基底条件的湿地进行适当改造，在人为干预影响下，形成内聚型湿地空间，在景观化过程中对其排水和土壤生产力进行优化，调整湿地植被和现有农作物，形成以农业为主题特色的湿地景观公园。好田型湿地公园场地一般位于冲积平原的低洼易涝地区，筑堤围垦成的农田湿地。这种类型湿地公园空间形态常呈现散发状，地势低于周围的陆地，用人工堤坝与大面积水体进行分割，使农田农业景观更加突出。

（三）河流型城市湿地公园

河流湿地基底按成因可划分为两类：一类是由于定期受到洪水侵袭形成的河浸滩湿地；另一类是由于河水的沉积作用泥沙大量淤积而成的河口湿地。河流型湿地公园根据这两类湿地的基底条件形成的空间形态大多为条带状，并趋于支流走向沿内陆渗透，所以就形成一侧面临城市，一侧面临江河的湿地公园。在规划此类湿地公园时要充分对城市与自然，自然与人这两个方面进行定位，满足生态要求和游人的需求。

（四）人工修复型城市湿地公园

此类城市湿地公园针对那些受到人为工业建设影响的土地，土壤受到污染或填埋挖掘创伤的湿地基底上，经过用生态工程的手段进行环境修复，再生或者重塑湿地风貌建设的湿地公园。按照其基底形成原因分为两种，一种是废弃煤矿基底，另一种是因大型工程开挖取土，采石作业等对大地造成了大面积创伤的废弃场地。该类湿地公园的建造是对原始基底景观的再生，对生态环境的重塑，所以此类湿地公园的营造更多体现场所精神，因地制宜，充分考虑场地环境，形成的空间形态湿地多是斑块散布，工业遗存文化厚重的湿地公园。同时它的生态比较脆弱，所以修复性湿地景观在其中比较常见。

第二章　湿地生态补偿概念及其理论

长期以来，由于人类未认识到湿地的价值，导致其退化严重。湿地生态补偿作为经济手段，使环境负外部性和正外部性内部化，起到积极遏制湿地退化的作用，因此须将其制度化，满足政府分工与跨部门协作能力提升、湿地生态系统服务维持以及个人利益和社会利益统一的需要。本章分为湿地的生态补偿概念、湿地生态补偿的法律制度研究、湿地生态补偿市场化的法律制度研究三部分。主要内容包括：湿地生态补偿的界定、湿地生态补偿的主客体、湿地生态补偿的基本原则、湿地生态补偿的国内外研究等方面。

第一节　湿地的生态补偿概念

一、湿地生态补偿的界定

（一）生态补偿的概念

生态补偿在近些年越来越多在全球范围内受到关注。就当前情况来看，由于生态补偿自身的复杂性和对其进行研究的侧重点不同，至今国内外对生态补偿这一概念都尚未有统一的定义。生态补偿早期是作为自然科学的概念出现的，作为自然生态系统的一种硬性属性，主要是指自然生态补偿。20 世纪 90 年代，生态补偿被引入社会经济领域，成为征收生态补偿费的代名词，通常被作为一种资源保护的经济刺激手段。狭义的生态补偿指“人类行为对生态环境产生的负外部性所给予的补偿，即对由人类的社会经济活动给生态系统和生态资源所造成的破坏，以及对自然环境造成的污染，进行恢复、补偿和治理等活动的总称”。随着社会经济的进步发展，以及生态危机的频繁发生，广义的定义相比之下目的更加明确，也逐渐代替狭义生态补偿的定义而得到广泛的关注和认同。广义的生态补偿包括对破坏生态系统的行为和自然资源造成损害的赔偿，同时也包括对那些为保护和恢复生态环境及其功能而付出一定代价和牺牲的单位和个人进行的经济性补偿。

生态补偿目前有两种比较通用的方式说明，一个是 PES（支付生态环境服务付费），另一个是 PEB（生态系统受益付费），对生态补偿概念的分析角度不同导致目的不同，有的甚至在分析生态补偿时都缺乏目的，它和湿地的概念一样，也有两种，即广义和狭义。不同的学者对生态补偿分析的角度不同，导致对生态补偿的概念有不同的理解。李文华认为生态补偿不仅包括功能恢复方面，还包括环境污染，认为经济补偿是主要的补偿手段，最终的目的是平衡生态保护。任勇等学者则认为，生态补偿是以经济激励为手段进而平衡相关利益的分配方式。毛显强等则认为生态补偿只是一种提高成本的方法，通过提高生态环境破坏的成本进而达到增加环境收益以此来更好的保护生态环境。

生态补偿也分为狭义的生态补偿和广义的生态补偿，狭义的生态补偿就是在生态环境受到破坏后进行恢复治理所进行的经济补偿，广义上的生态补偿不仅仅指经济补偿，还包括其他的间接损失，比如机会成本等非经济类的损失。广义的补偿不仅仅有经济补偿，还涵盖了实物补偿、技术补偿、智力补偿等一些非经济方式的补偿措施。我们可以认为生态补偿主要是通过改善被破坏的生态系统或者建立新的具有类似功能的生态区域来补偿由于一些原因而导致现有生态系统受损的情形，与此概念最接近的是生态服务付费，生态补偿是指生态系统服务功能的受益者向生态系统服务功能的供给者支出费用。

湿地生态补偿作为一种经济制度，它用于协调各个利益主体之间的利益关系，同时把湿地的可持续发展作为终极目标，指湿地资源的利用者、受益者、国家、社会以及其他组织对自身的经济行为或是社会行为对湿地生态系统造成的破坏或因放弃发展机会的成本进行的经济补偿，以及对那些有着重要生态价值的湿地地区进行的保护性投入。

（二）生态补偿的法律性质

掌握生态补偿的性质尤其重要。生态补偿和赔偿不同，赔偿具有惩罚性，在民法上多表述为损害赔偿，是以损害结果为前提存在的，是由违法行为产生的。所以，赔偿不等于补偿，虽有一字之差，性质却有很大不同。补偿的目的不是惩罚，而是为了弥补，所以两者的本质是不同的。生态补偿的存在是实现生态公平的多元平衡，是由于公平责任而出现的一种补偿责任，有人认为生态补偿的实质是生态责任和利益的重新分配，这种理解是片面的，没有把握生态补偿真正的法律属性，也有人认为生态补偿是一种契约，这种契约既包括行政方面，也包括民事方面，会同时受到民事和行政两方面的双重调整。

因此，生态补偿矫正生态保护的环境利益与经济利益之间的分配关系，用经济的方式激励为主要特征的一项环境政策，在对生态补偿进行法律定性时，要充分考虑它的行政属性和民事属性。

（三）湿地生态补偿的内容

湿地生态补偿制度的建立涉及多方主体的经济利益关系，并且因此而形成多方之间的权利义务关系，这些权利义务构成湿地生态补偿的内容。总的来讲，湿地生态补偿所涉及的内容包含两方面的关系：一是因湿地开发而形成的经济权利义务关系，二是因湿地生态环境的保护而形成的环境法律关系。

根据目前我国相关法律的规定，湿地属于国家或者集体所有，公民可以享有湿地资源的使用权，湿地开发者与湿地资源的所有者或者湿地资源的保护者之间通过合同的方式或者法律规定的方式，例如征用等方式而建立彼此之间的关系，产生权利义务。这种权利义务可以是平等的民事主体之间的关系，也可以是不平等的行政权利义务关系。而另一方面，湿地具有公共产品的属性，个人或者企业对湿地资源的开发遵循生态环境保护的基本原则。开发者或者使用者一方面应当承担湿地资源的保护义务，根据合同履行缴纳湿地补偿金、环境税金等义务，但是同时也享有湿地资源的经济利益。而国家或者其他湿地保护者应当承担湿地资源的保护义务，做好湿地保护资金的行政转移工作，维护好湿地资源，同时享有收取湿地保护税金等权利。通过湿地生态权利义务的明晰，促进湿地资源的保护与合理开发。

（四）湿地生态补偿的理论基础

1. 外部性理论

生态环境资源在生产和消费过程中的外部性体现在资源开发时对生态环境破坏所 产生的外部成本和对生态环境进行保护时形成的外部效益两方面，但是因为这种成本和效益没有在生产和消费中获得很好表现，导致了人们可以无偿享用环境保护产生的效益，而对生态环境破坏的行为也没有受到惩罚。在经济学中，外部性导致了社会边际成本收益和私人边际成本收益相背离，从而导致资源配置低下。外部性理论就是在于消除外部性，使外部性内部化，从而提高效率。环境保护的行为具有正外部性，在现实中往往没有受到足够的激励。

生态补偿的根本目的提供外部性的解决方法，为供给生态服务提供激励，从而达到外部性内部化。

2. 公共物品理论

生态环境系统所提供的生态环境服务具有公共物品属性。公共物品的非排他性使得理性经济人都不会自掏腰包购买生态服务，而是享受别人购买所带来的利益，从而产生了“搭便车”现象，而生态服务的提供者很难获得合理的收益会导致提供动力不足，生态环境服务这种共有资源的非竞争性和非排他性最终会导致“公地悲剧”。

生态环境服务具备的公共物品属性使其面临供给不足和过度使用的问题，因此，生态补偿就是通过调整生产关系来激励生态服务的供给、限制共同资源的过度使用和解决拥挤问题，从而促进生态环境的保护和社会生产力共同发展。

二、湿地生态补偿的主客体

（一）湿地生态补偿的主体

湿地生态补偿主体指的是由谁来承担湿地生态补偿的义务的法律主体，根据生态补偿的内涵，也就是湿地生态补偿制度的受益者为何。依照《环境法》以及地方各部门规章制度的规定，目前对湿地生态补偿制度的主体的讨论主要有两个：各级政府、个人或企业。

首先，讨论各级政府是否应为湿地生态补偿制度的主体。从国际法的角度来讲，《湿地公约》中明确国家应当承担建设国家湿地公园，加强湿地保护的责任和义务，而国家的表现形式即为政府。

从国内法来讲，在政府补偿的规则中，中央政府以及地方政府进行财政转移，国家承担湿地生态补偿的义务。在国家补偿制度建设的规则中，国家既是湿地的所有权人，同时也是市场补偿的购买主体，还是湿地补偿制度实施的指导者。就国家的身份而言，湿地生态补偿制度中，国家既不能作为湿地资源的获益者，也不能作为湿地损害的承担者，从这个角度讲，国家作为湿地补偿制度的受偿主体是不合适的。但是国家却可以作为市场补偿的主体出现。行政合同中，国家与自然人（法人）之间签订行政合同而成为行政合同的当事人，国家可以从自然人（法人）等湿地资源的使用者手中购买湿地生态价值，并因此而成为湿地补偿制度的补偿主体。

《环境法》还明确提出市场补偿的规则中，国家是市场补偿的引导者，国家对湿地生态补偿的效果以及补偿的过程承担监督的责任与义务。而就目前我国的地方法规而言，在相当多的地方法规中规定了省级政府承担湿地生态补偿的责任，各县级政府根据地方具体情况开展湿地生态补偿，从而承认了国家作为湿地生态补偿的主体。

其次，个人和企业。个人或者企业是湿地生态补偿的受偿主体，也是湿地生态补偿法律关系的直接主体。国家在承担补偿主体的过程中，是公共财产管理者的身份，而财政转移支付、财政补贴等政策的实施离不开公民的税、费、款等，公民是最终的湿地生态补偿制度的承担者。在个案中，因为公民个人的行为或者企业的行为导致的湿地生态的破坏，个人或者企业应当接受环境罚款、缴纳环境使用许可费、缴纳环境税等，个人或者企业成为湿地生态补偿制度的补偿主体。

（二）湿地生态补偿客体

补偿客体，即补偿对象，是与补偿主体相对的概念，是指因为湿地保护丧失发展机会而利益遭受损失或作出额外贡献的个人或组织。这一部分主体因为湿地保护建设而使其利用湿地资源与环境的权利受到限制，为了社会的生态效益而作出牺牲或为湿地生态环境保护作出贡献，在经济上遭受直接或间接损失。湿地生态补偿的客体有两要素：一是自然资源本身，二是生态环境。人类在湿地利用与开发的过程中，产生了自然与环境之间的关系，形成“自然契约”关系，自然生态本体的利益表现为社会公共利益。人类为了追求经济利益而损害社会公共利益，产生对环境的破坏作用，生态环境需要得到长久的保护与发展，因而需要建立一定的制度来予以补偿。

为了平衡不同社会主体之间的利益，实现社会公平，应当由获益的群体补偿遭受损失的这一部分主体。湿地生态补偿的补偿对象一般来说主要包括：地方政府、湿地管理部门、社区内居民和商户、养殖户等。

三、湿地生态补偿的基本原则

（一）可持续原则

可持续性原则是可持续发展的原则之一，是指生态系统受到某种干扰时能保持其生产率的能力。人类社会可持续发展的首要条件是保持生态系统可持续性和资源的可持续利用。人类应做到合理开发和利用自然资源，保持适度的人口规模，协调好环境保护和经济发展的关系。对湿地保护进行生态补偿是为了保护湿地资源，实现生物多样性、生态系统、自然资源等的可持续利用。

（二）受益者补偿原则

受益者补偿原则是指“谁受益、谁补偿”，在国家对湿地生态资源进行保护和管理中，地方政府、湿地管理机构以及当地居民投入生态保护成本或丧失发展机会成本，其保护行为产生的生态效益具有外部性，湿地保护区旅游开发主体以及周边乃至全市都有可能是直接或间接的受益者，但是这部分主体却没有支付生态保护成本，而是享受了生态环境改善带来的利益，基于公平考虑，这部分受益者应当对生态保护地区进行补偿。

（三）以政府为主导、政府与市场相结合原则

湿地生态保护建设属于公共事业，湿地资源属于公共资源，具有经济外部性特征，同时市场条件不完善，必然导致市场失灵，这就需依靠外部力量，即政府干预来解决。政府在生态补偿中要充分发挥主导作用，如制定生态补偿政策、加强政策的监管、提供补偿资金等。但政府补偿的管理存在成本巨大、效率低、产权界定不规范等问题，也决定了市场参与的必要性，市场参与可以充分发挥经济主体自身的主动性和积极性，调节政府补偿刚性，最终实现生态补偿的高效性。

四、湿地生态补偿的国内外研究

（一）生态补偿的国内外研究现状

国内外对生态补偿的研究可以主要概括为生态补偿的概念和生态补偿机制两方面。

1.关于生态补偿概念的研究

基于科斯理论，旺德（Wunder）认为生态补偿是为购买环境服务者和提供者间就环境服务买卖所形成的一种自愿交易。恩格尔（Engel）等将定义拓展为一是考虑到在实践中集体产权的作用，二是将购买服务者从实际受益者延展到包含第三方。基于庇古理论，Muradian 等认为，生态补偿涉及的环境服务具有公共品属性，目的是为这些服务带来激励，来扭转造成环境资源开发过度的行为。认为生态补偿是“一种为使个体和社会利益一致而在自然资源管理中产生激励的资源转移”。异于科斯理论和科斯理论，Schomers 和 Matzdorf 根据实际案例得出其定义为“广义的地区局部的制度转型”。Tacconi 认为是“一

种对自愿提供为环境增益服务的人采取有条件支付的透明系统”。可以看到以上表述虽然并不统一，但是其核心都是用激励来获得生态环境保护，也反映了在生态环境保护方面不同的社会组织与个体所承担责任的不同。国内对生态补偿最早定义是由毛显强提出的，他定义生态补偿为“通过对损害（或保护）资源环境的行为进行收费（或补偿），提高该行为的成本（或收益），从而激励损害（或保护）行为的主体减少（或增加）因其行为带来的外部不经济性（或外部经济性），达到保护资源的目的”。还有学者认为可从广义和狭义两方面来定义，广义包括对生态功能和污染环境的补偿，即为实现生态保护目标对保护者补偿或对破坏者收费来增加行为成本或收益。狭义指对生态功能的补偿，通过制度创新来内化生态保护的外部性，由生态保护受益者付费；通过制度设计解决在消费中的“搭便车”现象，激励公共产品的足额供应；使生态投资者得到合理回报，激励生态保护投资并且增值生态资本的经济制度。

2. 关于生态补偿机制的研究

在利益相关者的研究方面，生态补偿利益相关者是指补偿支付者与环境服务提供者，即买方和卖方，也包括相关联的组织和个人。恩格尔等认为，对于某些特定要求，生态补偿的目的是找寻为服务提供最低成本的人。这些成本不仅仅指补偿支付，还有相关联的其他成本。Pagiola 和 Platais 认为，在补偿中由使用者来支付补偿的费用更符合科斯理论，因为对服务的使用者得到的监督补偿机制运转的激励更强、服务价值的信息更多，能更直接地观察到是否提供服务，同时能够重新开启交易谈判以及对补偿合约的终止，因此，相比于“政府付费”来说，“使用者付费”更有效率。

在生态补偿标准和方式的研究方面，生态补偿的标准指的是补偿的数额。Pham 等认为，最高效的生态补偿是指支付标准由服务的实际机会成本来确定。牛顿（Newton）等认为标准的确定应该以提供者的谋生手段与地方经济特征来确定，环境服务价值评估也是确实关键。徐大伟等通过对辽河流域居民 WTP 和 WTF 的测算得出流域生态补偿标准。国外的生态补偿方式有很多，分为现金补偿和非现金补偿，阿斯奎斯（Asquith）等认为，面对不同的服务提供者，补偿方式也应该不同，当补偿数额不大时，采用非现金方式对服务提供者的激励会更大。

根据补偿方式分类，国外包括一对一的私人直接补偿、直接公共补偿、生态产品认证计划和限额交易计划等。付费的主体分为政府或者企业、个体及区域，政府为主体是指国家购买或支付具有重大意义的生态系统或生态区域，企业、个体及区域一般是指签署合作协议来为得到的环境服务付费。根据政府干预的程度，生态补偿方式可分为政府主导的、政府直接支付和完全市场运作。

综上所述，生态补偿在国内外已经有了深入的理论研究与实践基础，在理论研究上涉及了补偿机制中补偿主客体的探究、补偿标准的确定以及补偿方式的实现等方面；在实践上涉及了流域、森林、自然保护区、矿产资源、耕地等领域。

（二）湿地生态补偿的国内外研究现状

国内外关于湿地生态补偿的理论、必要性、主要方向、法律制度等方面做出了研究。韩美、李云龙树立了湿地生态补偿理论，并以提出应尽快完善生态补偿制度；鲍达明、谢屹、温亚利强调湿地生态补偿的必要性，认为湿地生态效益补偿制度涵盖两个方面，一是对破坏湿地的个人或单位征收补偿金，二是补偿为湿地保护作贡献或者因保护湿地而使利益受损的个人或单位。建立湿地生态效益补偿制度，首先是制度设计原则的确定，其次是从补偿的主客体、补偿标准、补偿方式、实施程序、补偿基金的建立和管理以及监督管理等层面来具体进行制度设计；孙博、谢屹、温亚利提出了中国湿地生态补偿研究的主要方向是跨学科综合性研究、湿地生态补偿制度研究、湿地生态补偿和人类福祉关系；马涛、蒋雨悦为我国湿地生态补偿制度提出了兼顾保护与合理利用、市场机制和政府规制相结合、完善法律法规制度体系、物理性补偿和货币性补偿并重等建议。钟瑜、张胜、毛显强列举鄱阳湖区退田还湖的这一生态补偿案例，为解决谁补偿谁，补偿多少和怎样补偿这三个基本问题做了初步研究。

在湿地生态补偿制度建立方面，王金南对建立湿地生态补偿长效制度提出建议。熊鹰、王克林以洞庭湖区湿地退田还湖的生态补偿为案例，对补偿的利益相关方、补偿途径、补偿的作用、补偿额度、补偿机制建立的重要性等问题做出研究。刘子玥、王辉、崔守斌等从封闭及立法补偿、退耕还湿补偿、湿地银行补偿、湿地替代费补偿、开发重建补偿等方面来探究松花江流域的湿地生态补偿机制；王昌海、崔丽娟、毛旭锋通过对农户补偿意愿的问卷调查得出要以政府为主导来提升湿地生态补偿的力度，形成生态补偿长效机制；柳荻、胡振通、靳乐山提出对于湿地面积减少的问题，中国尚存在制度缺失，可以借鉴美国湿地缓解银行在市场创建和市场运行方面的成功经验，探究我国湿地生态补偿的市场化运行机制；姜宏瑶、温亚利对湿地周边农户生产生活的基本情况、生态补偿意愿等情况进行调查，提出解决可持续发展与湿地保护的关键是提高农户的生态保护意识、对其给予合理补偿；刘子刚、卫文斐、刘喆指出中国湿地生态补偿存在的问题并提出对策建议。在世界范围内的湿地保护制度中，发达国家处于领先位置。最典型的是加拿大和美国的替代费补偿和湿地银行制度，在保护生物多样性和湿地资源以及防止湿地功能退化方面效果显著。李华琪强调要凸显市场机制在环保中的作用，借鉴美国湿地银行成功经验，在实践中探索出符合我国国情的市场与政府共同作用的道路。1995 年，美国颁布《1995联邦湿地补偿银行导则》，自此湿地银行产生并开始在美国全境流行。邵琛霞认为中国湿地生态补偿可以借鉴美国经验，湿地交易是实现对湿地的合理利用和保护的手段。从长远看，我国湿地保护应采用政府和市场相结合的方式。

第二节 湿地生态补偿的法律制度研究

一、我国湿地生态补偿存在的问题

我国湿地的生态补偿工作仍处于初期摸索阶段，还不成熟，在立法和实践中仍然存在很多问题，概括起来主要有以下几个方面。

（一）立法方面

1. 立法支撑不足

湿地生态补偿制度的建设为湿地立法与生态补偿立法的交叉而形成的制度，但是纵观我国目前的法律体系，既没有全国性的湿地立法，同时又缺少系统的生态补偿制度规定，湿地生态补偿制度的建设没有全国立法的支持。

湿地、森林、海洋并称为三大生态系统，对人类的环境保护与生态维持有着不可替代性的作用。森林、海洋等环境要素已经被《宪法》所承认并予以适当的保护，而湿地概念甚至没有出现在宪法中，宪法仅仅规定了对湿地相关的组成要素进行规定，而没有承认“湿地”的宪法位置，导致对湿地环境保护的力度不足等问题。而在《环境保护法》中虽然简单地将“湿地”纳入环境的重要组成要素中，但是并没有对湿地的具体含义和外延做出适当的解释，从而造成目前我国湿地概念不清，外延不确定的局面。而生态补偿制度的法律规定则相对较为完善，目前已经出现在《环境法》以及各地方的条例、各部门的规章中，并且有部分的规定细则，但是对市场补偿制度的建设仍需进一步的法律规定进行完善。

2. 法律实操性不强

法律的规定应当是明确的、细致的，从而能够做到有法可依，然而就目前我国湿地生态补偿制度的建设来讲，缺少能够直接引导生态系统建设的法律实施细节的规定。

首先，《环境法》对生态补偿制度的规定过于原则化，同时没有出台相关的实施细则。法律规定的原则化是无可厚非的，但是法律的实施需要相关的政策性文件或者地方性法律文件对其实施细则来进行细化。而无论是我国林业局颁布的《湿地保护管理规定》还是国务院颁布的《中国湿地保护计划》等政策性文件，对湿地生态补偿制度的构建细节不见踪迹，湿地生态补偿制度的构建依然维持在原则性方面，作为全国统一性的法律文件的缺失将会导致湿地生态补偿制度的地方化，各自为政的局面造成湿地保护的被割裂。

其次，地方立法对湿地生态补偿的细化不完善。从立法的角度来讲，很多地方法规规定了湿地生态补偿的主体，但是却将湿地补偿的责任转嫁给县级政府，省级部门没有做出明确的湿地补偿方案。以《黑龙江省湿地保护条例》为例，该条例作为我国第一个规定"湿地生态补偿"的地方性文件，但是其规定十分简单，具体的实施细则交由政府。而查阅相关的资料并没有发现政府制定的关于湿地生态补偿的实施细则的规定。而在县级政府的文件中，《三江流域湿地管理办法》中并没有提及关于湿地生态补偿的具体细则。中央法律文件规定的原则化以及地方法规规定的不完善，造成湿地生态补偿制度在具体的实施过程中难以落实。

3. 立法理念偏差

湿地环境立法属于行政法的重要组成部分，立法理念应当遵循行政法的立法规则，但是在湿地生态补偿制度的构建中，因为引入市场补偿的概念，因而产生了环境法与民法两者之间的立法理念的偏差。民法追求交易的公平，看重的是生态补偿制度的经济价值，会出现因为追求经济价值而忽视生态价值的偏误。而环境法追求的是对生态环境的保护，看重的是湿地补偿制度的生态价值。两者之间将会产生一定的矛盾，调和这种矛盾将会加大立法的成本。

而生态补偿制度的立法偏差还会造成对湿地资源的割裂性保护。生态补偿制度的交易过程中追求的经济价值的公平，会造成将湿地作为割裂的环境要素进行，依目前我国的立法理念和体系来讲，确实存在这样的问题，湿地并没有作为一个完整的整体加以保护，而是将其分割为生物、流域、土地等多种要素加以保护，每一种要素均是可以采用补偿制度的，这样就会割裂湿地生态价值的整体性，导致湿地生态环境重利用轻保护的局面。

而以地方为主导的立法理念也会造成湿地整体性、跨区域性与行政区域性之间的矛盾。湿地生态保护既属于环境法的范畴，同时也受制于行政法的行政区划规则的限制。行政区划体制下，地方各级政府首先考虑平衡本地的湿地经济价值与湿地生态环境的关系，可能需牺牲经济发展来维护生态环境保护，也可能因各自为政的行政区划特征而割裂湿地资源的整体性，湿地生态保护的跨区域性既会产生经济纠纷，又产生与环境保护之间的矛盾。湿地立法的政府管制与湿地生态补偿制度的市场自治矛盾需要平衡。

（二）管理体制方面

湿地的管理体制分为国家层面的湿地管理体制和地方湿地管理体制。目前，我国湿地的管理体制是在现有的湿地管理机构基础上，由现存环境行政管理部门共同分担湿地工作。

（三）补偿标准方面

1.补偿方式单一

湿地资源的组成要素有多个。湿地生态补偿的方式应是多种多样的。然而在我国目前的湿地生态补偿制度建设中，政府的财政支出转移和财政补贴是湿地补偿最重要的表现形式，而环境税收、生态信贷等国际通用的生态补偿形式在我国尚未建立。

以《甘肃省湿地生态保护条例》为例，甘肃省湿地生态保护区的建设、保护、管理的经费来源于：①国家和政府的投入；②引进的资金；③国内外组织和个人的捐赠；④依法收取的保护管理费；⑤其他收入来源。由此可见，在我国湿地生态补偿中，政府的财政转移收入起到根本性的作用，而实践中，由于甘肃尚未建立完善的公益组织体制，而湿地生态保护又是一个庞杂而且系统的工程，仅仅依赖于国家或者当地政府的财政支出的转移或者补贴资金远远不能满足其基本需求。而环境税收等方式并没有建立。相对来讲，资源保护税具有普遍性和针对性，符合“谁污染谁治理，谁受益谁补偿”的环境保护的基本原则。我国并非没有建立环境税收制度，但是对环境税的使用有模糊处理的迹象。纵观我国环境税征收后的使用，会发现用于湿地生态补偿的资金在数量上比较少，政府补偿方式的承担者一般由省级财政部门管理，而县级政府向市级政府申请资金，市级政府向省级政府申请资金，整个过程比较烦琐，时间也比较长。

而对于这部分湿地生态补偿资金的使用，法律规定为“湿地项目”，但是“湿地项目”究竟为何，法律并没有做出明确的规定。这样就使得湿地生态补偿制度的弊端尽显无遗。

2. 补偿计量方式不确定

纵观先进国家湿地补偿制度的建设，补偿计量方式确定且多样化是湿地补偿制度构建的重要前提。湿地补偿计量方式的确定性指的是补偿范围的确定、补偿项目的确定、补偿标准的依据确定。补偿标准的多样化指的是不同的国家补偿标准的依据是不同的。我国生态补偿一方面衡量受偿主体湿地经济利益的损失或者惠益的减少，另一方面计算机会成本的大小，前者容易确定，但是后者计算十分繁复困难，不易确定。

而湿地生态损失的受偿主体与湿地生态利益获得的受偿主体之间又存在着复杂的关系，两者可能为同一主体，也有可能为不同的主体，因而究竟应当怎样计算湿地补偿的标准，是按照湿地的损失计算还是按照湿地生态利益的价值计算就成为结局问题的首要前提。如果按照后者计算，那么如何计算生态利益的经济价值成为解决问题的难点。

3. 市场生态补偿机制不完善

根据《环境法》的相关规定，湿地生态补偿主要有政府补偿和市场补偿两种表现形式。但是纵观各地方湿地生态补偿机制的构建，市场生态补偿制度不见踪迹，湿地生态补偿制度在实践中变成了单一的政府补偿方式。

市场生态补偿方式应在湿地环境补偿中发挥着重要的作用。湿地生态补偿制度的建设从某种程度上来讲属于一种市场交易行为，这种市场交易不仅发生在公民个人与政府之间，同时还发生在公民个人、公民与企业、企业与企业之间，补偿制度以所有权或者使用权为基础。市场交易与补偿制度的建立是基础，资源配置效率会相对较高。而我国出现在法律文件中的湿地生态补偿制度仅仅表现为财政转移支付或者财政补贴的形式，补偿资金的来源狭窄，生态补偿所需要的大量补偿金产生巨大缺口，甚至难以弥补历史欠账。

二、湿地生态补偿存在问题的原因

（一）湿地生态补偿的利益之争

因为湿地资源的价值性，所以在保护湿地资源时会存在利益冲突，冲突主体主要体现在生态效益受益方和经济效益受益方，这也是湿地的生态价值和经济价值的冲突。他们之间的矛盾主要体现在：第一，湿地保护与利用的矛盾。第二，湿地资源权属不明，让湿地生态补偿工作很难界定补偿对象，在实践中很难开展工作。第三，补偿工作的目标不同，导致决策部门和实际管理部门会存在目标的冲突，湿地生态补偿的资金来源于中央财政的支持，这一部分资金是否实际运用到当地湿地的生态补偿工作中去，取决于当地管理者的工作是否落实到位。由于补偿是由政府支持的，会被认为是“有油水”的工作，导致在实践中多个部门争着抢着去管理。生态补偿的主体和客体都是利益相关者，但是他们追求的目标却不同，主体追求生态效益，客体追求物质补偿，这就是生态补偿工作中的利益冲突，不仅仅存在于生态补偿的主体和客体之间，还存在于湿地资源不同区域的管理部门之间，也正因为不同利益之间的争夺导致湿地生态补偿工作困难的原因之一。

（二）湿地生态补偿管理部门职责不明

湿地生态补偿系统的构建与完善一方面需要湿地管理机构明确事权，明确责任范围，提高湿地生态补偿制度的管理效率，另一方面需要公民的广泛参与。而就目前我国法律体系来讲，这两方面的建设均存在一定的不足之处。

我国没有专门的湿地保护立法，也没有明确专门的湿地保护管理部门，虽然在地方法规中将林业局作为湿地管理的重要部门，由林业部门会同当地财政部门承担湿地保护的职责。但是因为全国性统一立法的缺失，湿地各生态要素实行分别管理法律制度。水利局、农业局、土地管理部门等各司其职，权利与职责之间发生冲突，最终不利于湿地资源的统一保护，湿地生态补偿制度既是一种环境保护制度，也是一种资源利用的制度，既遵循资源立法的节约性规则，同时还需要遵循环保立法的环保性规则。这样就会产生资源利用部门与环保部门之间的冲突，各部门成立的目的是不同的，部门之间的利益也会具有冲突，为了实现本部门利益的最大化，可能会牺牲湿地资源的整体利益，造成对湿地生态补偿的部门割裂式管理。

而没有明确湿地保护牵头部门的另一弊端在于各部门之间义务承担的权责冲突。在进行湿地生态补偿制度构建的过程中，因为湿地管理的各部门的职责不同，所承担的义务也是不同的。在经济价值高的湿地管理领域各部门争抢管辖权，而对于经济价值比较低，补偿比较多的项目，各部门推卸责任，造成责任管辖的冲突，从而损害湿地的整体利益。

三、完善我国湿地生态补偿法律制度的路径

（一）完善湿地立法

1. 明确湿地立法原则

众所周知，从中央立法到政策法规，从部门规章到实施细则，我国已经建立了一个比较庞大的法律系统。从国际上来讲，我国是《湿地公约》的缔约国，有责任承担湿地保护的责任与义务，而国家法律的制定是我国履行国际义务的表现形式。从国内形势来讲，近些年来我国湿地资源受到严重的破坏，湿地面积不断缩小，生物多样性遭到威胁，湿地生态环境保护迫在眉睫。我国仅有地方立法而无全国统一法律，而地方保护具有地域性，将会造成湿地资源的割裂性保护。更有甚者在部分区域将湿地的概念等同于滩涂、河流等加以保护，湿地生态补偿制度无从谈起。而随着我国对湿地保护的呼声日益高涨，湿地专门立法迫在眉睫。法律立法的出发点以及根本原因在于社会的需要，进行湿地资源的保护刻不容缓，而法学界对湿地保护的专门性立法的呼声也推动着我国湿地专门立法的快速完成。

但是在进行湿地立法的过程中，需要对立法模式做出选择，目前在我国湿地保护的法规、部门规章、地方规定都已经比较完善的基础上，整合法律资源，制定湿地保护的专门立法，是我国湿地资源保护的必然选择。我国目前对湿地的法律规定十分零散，既有对湿地资源整体性保护的法规，又有对湿地组成资源保护的零散性规定，这样就会造成法律边界不清，应用不明的问题。而专门性湿地立法不仅应当规定湿地保护立法的内容，还应当明确制度构建的规则，违法后的责任承担形式，而目前相关法律文件位阶过低，难以对湿地保护形成有利的影响，也迫切促使全国统一立法的实现，因而构建湿地专门立法，构建全国统一的湿地立法规则，并明确承认湿地生态保护制度的构建，明确违反湿地保护之后的具体责任，有效地推动湿地生态保护。

湿地生态补偿指的建设过程中，另一份重要的问题在于明确湿地生态补偿的基本立法原则。严格区分湿地生态补偿的主体，根据生态补偿主体的不同施行不同的补偿措施。首先，明确政府的公开透明原则。环境法明确提出政府是湿地生态补偿的主体，政府作为国家行为的代表人，有对湿地生态保护财政转移的义务，同时政府也是市场补偿行为的引导者，政府的补偿属于国家行政行为，对国家行政性行为应当公开，从而减少暗箱操作：公示财政转移的资金流程、用项以及防止公权力对私权利的侵犯，从而能够促使湿地生态补偿的财政

转移真正发挥效力，实现湿地生态制度的保护初衷。其次，应当明确市场补偿的公平自愿、自治有限性原则。一方面，发挥市场机制在生态补偿中的积极作用，湿地价值在市场主体之间交换，属于典型的市场行为，应当受到市场行为的调节，公民之间进行湿地经济价值与生态价值的交换应当遵循公平自愿的原则。但是另一方面，公民之间交换的不是普通的市场物品，而是具有很强公共属性的湿地资源，不仅具有一定的经济价值，更关乎人类生存的基本条件与资源基础，如果失去国家的监管，完全交由市场调整将会导致市场主体过分强调经济价值而忽视生态价值。同时，因为我国公民对湿地资源的支配仅仅享有使用权而不具有所有权，公民的市场行为则更应受到国家严格的监管。

2. 增强湿地生态补偿立法的实操性

目前，我国对湿地生态补偿法律制度的规定过于原则化，存在实操性不强的问题，这导致在实践中执行湿地生态补偿制度确实存在的一些问题，因而弥补法律规定缺陷，增强法律规定的实操性十分必要。

（1）政府应当出台湿地生态补偿的实施细则

深入研究湿地生态补偿与草原生态补偿、森林生态补偿制度之间的共性与区别，针对湿地生态的特殊性提出湿地生态补偿制度建设的细节。地方政府以及各地林业局应当做好湿地生态补偿的基础性工作，对湿地生态补偿制度的构建细节做出深入研究，做好对湿地生态补偿的细节性工作。尤其应当注意应当严格区分市场主体责任与政府主体责任，根据不同的补偿类型做好补偿工作。根据“谁受益、谁补偿；谁保护，谁受益”的基本原则明确湿地生态补偿责任的承担主体。湿地生态补偿制度具有经济正外部性，将湿地生态补偿制度的责任承担主体直接分配给污染主体，从而有效地填补损失，减少湿地环境破坏产生的不利影响。

（2）细化地方立法对湿地生态补偿规定

目前，我所实际执行湿地生态补偿制度的责任的补偿主体主要是县级人民政府，省级政府部门没有做出明确的湿地补偿方案，而县级政府在实践中因为缺少经验以及理论的指导因而往往出现执行不到位的情形。因而细化地方政府尤其是省级人民政府及林业部门的湿地补偿条例规定，使其具有指导性和可操作性，严格湿地生态补偿的承担责任，落实湿地生态补偿的责任主体，从而有助于进一步提升法律规定及适用的实际操作性和指导能力。

3. 确定湿地生态补偿制度的立法理念

湿地生态环境立法涉及多个法律部门，因而在确定湿地立法理念的过程中，应当兼顾湿地立法的多重属性，兼顾湿地生态补偿立法对环境保护与经济价值追求的双重目的，确定湿地生态补偿有限的自治原则。

湿地生态补偿引入市场补偿的概念，加入市场补偿的制度，因而也产生了环境法与民法两者之间的矛盾，民法追求交易的公平，看重生态补偿制度的经济价值，而环境法从整个人类的基本利益出发，追求环境保护与环境权和经济权之间的平衡，而湿地生态环境对民法以及环境法都有所涉及，因而应当对两者均有所兼顾，平衡发展。

而另一方面应当加强湿地生态环境的整体性保护。湿地生态补偿制度交易在湿地生态价值与经济价值之间寻求平衡点，但是也会造成湿地作为多种环境要素的分裂性保护，但是如果仅仅保护湿地水资源、生物资源、突然资源等是远远不够的，而应当将各种环境要素作为一个完整的系统来综合监管与保护，增强湿地保护的整体性。同时还应当加大中央对地方各级政府的领导，加大湿地生态保护的全国统一性，对于跨区域的湿地资源建立统一的湿地保护委员会，协调各行政区域之间的利益，对湿地综合保护。

（二）确定湿地生态价值计量方式

1. 湿地生态价值计量方式

湿地生态补偿标准的建立应当确定。目前，我国湿地生态补偿标准仅出现在个别地方法规中，各地区的法律文件补偿标准不统一，而中央仅仅出台引导性的法律文件，对湿地生态价值计量方式方法没有做出明确的指示。因而确定湿地生态价值计量方式，加大对湿地生态价值的经济核算十分必要。具体的计算方法和方式根据湿地组成因素及湿地所处地区经济发展状况的不同而应有所不同。

法律标准的制定应当遵循市场发展的规则，科学计算。目前，对湿地生态补偿计量方式理论上已经形成统一，明确湿地生态补偿的上限为生态服务功能。将湿地生态价值量化，湿地生态服务功能可以分为产品服务、生态调节服务、文化服务等三个重要组成部分，而湿地生态补偿补偿的范围为产品服务价值、文化服务组成部分中可以直接衡量的价值。将抽象的生态价值量化为经济价值，这部分可以衡量的价值被计算为湿地的生态服务功能。同时关注湿地生态服务的边界价值，从而控制湿地开发的规模，在保障湿地生态价值可持续性发展的前提下计算湿地服务的功能价值。

湿地生态补偿的下限应当是湿地保护成本与因保护湿地生态价值而承受的机会成本之和。但是目前对湿地生态保护的机会成本的计算依然存在技术方面的困难，湿地保护的成本涉及因湿地保护而实际支付的费用、劳动力损失、土地使用价值损失等，将湿地生态系统的间接损失纳入湿地生态系统的价值的衡量与计算中，较难计算。

2. 湿地开发风险评估与经济效益评估

环境保护的基本原则同样适用于湿地资源的开发。环境项目立项之前应当参加环境评价，对即将产生的环境影响做出全面客观的评价，对环境风险提前预防。环境项目结束之后进行环境效益的评价，及时平衡经济发展与生态环境两者之间的价值。

湿地资源的开发应当建立风险评估制度以及经济效益评估制度。湿地资源开发之前应当由政府参与，并设定湿地开发许可证制度，严格湿地资源的开发，加强事前的监督。事前的风险评估指的是通过对湿地开发项目风险的评估，来衡量湿地资源开发带来的经济价值与受到损失的生态价值之间的数量对比，湿地资源的开发不能对环境产生明显的不合理的破坏，对湿地环境所产生的不可避免的破坏，也应当注意将损失降低到最小。事前的风险评估能够有效地预防湿地开发过程中产生过大的损失，并根据可能产生的风险将损失降低到最小。对湿地开发结束之后的生态环境的影响也应当及时做出效益评估。湿地开发所带来的经济价值不能低于其产生的损失的生态价值，同时将评估做到持续性、全面性、合理性。在湿地项目开发的过程中，建立湿地保护恢复补偿基金，基金的组成来源于国家财政的支付转移、项目开发者缴纳的湿地资源保护与利用费用基金，用于湿地生物多样性的保护、湿地资源的恢复，推动湿地的可持续性发展。

（三）树立正确的湿地生态补偿理念

1. 以恢复湿地生态功能为目标

湿地的生态补偿工作是为了更好地保护湿地资源，保护湿地资源就是保护湿地资源的生态功能，保护人类赖以生存的环境。因此，要树立正确的湿地生态补偿理念，以恢复湿地资源生态功能作为目标。之所以提出恢复湿地生态功能是因为当湿地资源遭到破坏后，其生态系统的功能会受到严重的损害，甚至有些损害是不可逆的、无法恢复的。湿地的重要价值的体现之一就是湿地的生态价值，如果湿地的生态功能退化，会导致湿地生物多样性的水平下降，湿地环境功能的净化水平下降，建立湿地生态补偿机制是为了更好地保护湿地资源，而保护湿地资源的目的就是保护湿地资源的三大价值——经济价值、社会价值和生态价值。尤其是湿地的生态价值不受到破坏。因此，在湿地的生态补偿机制中，要把恢复和保持湿地的生态功能作为目标，将目标纳入具体的实施方案中去，要侧重于恢复湿地的生态系统服务价值，在湿地资源不得不受到损害时，要新建或者恢复原有湿地生态功能。

2. 以完善湿地生态补偿的立法为基础

湿地生态补偿立法不完善、滞后等问题的存在对湿地生态补偿工作的落实有很大影响。完善湿地生态补偿立法工作是实践开展的基础，因此有必要出台湿地生态补偿保护条例，专门对湿地资源立法，在立法中明确湿地生态补偿工作的理念，只有在立法精神上有所明确和指示，在实践中涉及具体的湿地生态补偿工作时才能有所参照。目前湿地保护条例也只是部分省和市出台，建议在国家层面出台关于湿地资源和生态补偿的专门立法，在上位法出台后，部分地区才能更好地根据上位法出台，下位法进行工作的细化管理。

3. 以保护湿地资源的可持续发展为动力

对湿地进行生态补偿是保护湿地工作中的一种方法，在保证湿地资源可持续发展前提条件下，去保证湿地资源的开发和利用的平衡，以造福人类。湿地资源的可持续发展可以理解为在不破坏并且足以维持现有生态系统功能的前提下，改善人类的生活质量。当然湿地资源的可持续发展不代表否定湿地资源的开发利用，但是要重新审视如何实现湿地资源的保护和利用之间的平衡，如何协调好湿地资源的经济价值和生态价值的冲突。可持续发展以湿地资源为基础，同湿地环境的承载能力相协调，目的是减少湿地资源的耗竭速率，实现耗竭速率低于再生速率，当然湿地资源是不可再生的，这里的再生速率可以理解为恢复湿地资源生态功能的速率。湿地资源的可持续发展可以提高人们的生活水平，是朝着生态平衡、环境友好的方向发展，是在资源和经济之间建立一种平衡关系，让湿地资源既能满足当代人的需要，又不损害后代人的需求。而湿地生态补偿的前提就是要有湿地资源的存在，湿地资源可持续发展是开展湿地生态补偿工作的动力。

（四）制定多样化的湿地生态补偿方式

湿地生态补偿方式应当多样化。根据我国法律的规定，行政补偿，进行政府财政的转移是湿地生态补偿制度的重点，也是未来湿地生态补偿建设的重中之重。但是如果单纯依赖国家财政转移支付，将会对国家的财政产生较大的压力，因而积极推动湿地生态补偿方式的市场化，推动湿地生态补偿机制的多样化十分必要。

除开加大财政转移支付的力度，国家政策补偿、实物补偿、提供劳动培训、加大税费力度的征收等也是推动行政补偿的良策。而鼓励市场补偿方式的多样化则是将来发展的重点。

可以通过一对一的对口型补偿，湿地环境的破坏者或者利用者需要对湿地环境的保护者或者利益损失者提供补偿，前者可以采用类似美国湿地银行的政策，建立湿地生态补偿基金制度，而后者通过市场行为调节，通过签订湿地利用开发合同，对湿地资源展开保护性利用；其次，进行产业化补偿，将外部经济内部化，利用产业延伸将湿地生态价值与产业加以合并，推动联合经营或者股份经营；再次，可以通过市场替代补偿措施，充分发挥政府在湿地生态补偿制度建设中的引导性作用，提出完善的资源管理办法，评估资源价值，在限定湿地资源利用方向的前提下将湿地资源的补偿问题交与市场解决，推动市场开发与国家监管并举的制度完成湿地的市场替代性开发，自我补偿。

1. 多样化的资金来源

目前，在我国湿地生态补偿建设的过程中，行政补偿有着十分重要的地位，行政补偿的持续发展依赖于湿地资金的持续性供给。目前，我国湿地生态补偿资金中的80%由中央政府承担，国家财政承担着较重的任务，在某种程度上也制约了湿地生态补偿的资金规模。创新湿地补偿的资金来源，拓展途径，保障资金来源的多样化。

（1）建立湿地生态保护基金

基金的来源主要是由湿地开发者的强制性缴纳与向社会公开募集的湿地生态保障金部分组成。湿地开发者在湿地开发之前应当缴纳一定的开发基金给国家，国家通过财政转移支付的方式分比例交与湿地生态保护基金组织，从而实现湿地的保护，在湿地生态环境出现危机时，及时启动资金用于生态保护。而公众的募集资金通过环保组织发起，面向社会公众筹集，募集资金的来源渠道拓宽，主要用于湿地生物多样性的保护，维持动植物生物品种的安全，从而保障湿地生态环境的可持续。

（2）农林牧渔等产业的部门补偿

湿地资源涉及多种资源，不同的资源涉及不同的部门，在用水、用林、放牧、发展渔业的过程中，都是对湿地生态资源的开发利用，这些部门收取了一定的使用费，如果再次面向使用者征收湿地资源保护费则不合理，因而强化部门之间的财政转移最为恰当，这样能够有效平衡开发者经济成本与环境成本之间的价值，并有效促进湿地保护建设费的完善。

基金在完成募集之后，应当交由专门的部门管理，加强基金的托管。基金的使用由湿地统一管理部门直接调拨，对湿地个人的生态补偿基金直接发放到户，避免在基金转移过程中发生财政寻租的问题发生，并对基金使用申请的程序、条件严格限制。在人员、管理机构的设置、责任等方面做出独立性规定，专款专用。

2. 多样化的补偿方式

促进湿地生态补偿方式的多样化，加强湿地生态补偿管理，可以将湿地分类分级管理，同时尝试建立湿地“特区”制度，促进湿地补偿方式的多样化。

根据湿地组成要素多样化的特点，将湿地进行分类处理。

根据不同的分类标准，湿地可以表现为不同的分类情况。例如，根据湿地组成元素的不同，可以分别进行湿地动植物资源的保护，湿地水域资源的保护，湿地土地资源的保护，这种分类方式是目前我国所普遍采用的分类方式，将湿地整体资源割裂，分别保护，从而导致湿地生态保护的不全面，各自领域分别保护。

而展开湿地资源的分类保护可以根据湿地表现形式的不同，依《全国湿地资源调查与检测技术规程》的相关规定，湿地资源可以分为近海及海岸湿地、河流湿地、湖泊湿地、沼泽和沼泽化草甸湿地、库塘，而进行湿地生态保护的湿地范围除开流动性水域均应当列入湿地资源的保护中。根据湿地表现形式的不同，展开不同的生态补偿。例如，沼泽化湿地生态保护重点在于维持生物多样性，保护野生动植物，而湖泊湿地的保护重点在于水域的保持，减少围湖造田，加大还湖活动，从而能够有效地保护湿地及其湿地生物。

湿地的分级管理强调对湿地的利用性保护。根据湿地性质的不同，湿地可以分为濒危湿地、重点保护湿地、一般保护湿地等，对于濒危湿地，采取绝对禁止开发的措施，对其进行恢复性保护，维持生物资源的多样性。对于重点保护湿地，可以根据湿地具体情况的不同开发为湿地公园，以旅游资源的开发与经济的发展推动湿地生态保护的资金来源，湿地保护性利用等，或者有效地开发其科研价值。对于一般保护湿地，可以有限度地利用其生物资源、水资源，进行轮牧制生物放牧，加强湿地资源的保护与开发并举。

对于濒危的湿地，尝试建设“湿地特区”。湿地具有地域性的特点，这种地域性超越行政区划而存在，如果将湿地资源分拆处理，分别保护，则会导致湿地资源保护的不平衡，不同的地区受益者与损失者利益的失衡。一片湿地，可能A区域属于经济比较发达的地区，而B区域则隶属经济相对落后的B区，并因此而成为B区主要的经济收入来源，如果强调对湿地资源的统一保护，则会牺牲B区经济发展的机会，这种做法不具有可持续性，但是依目前我国湿地生态保护的制度来看，省级林业局统一部署，而县级政府执行。这样就跨行政区域的湿地资源就会因为经济的博弈而产生矛盾，不利于湿地资源的保护。

进行湿地生态补偿的特区建设主要是将湿地作为单独的环境资源进行专项保护，吸取英国湿地保护委员会的做法，在重点湿地部门建立对湿地统一保护的湿地特区，组建跨区域的湿地生态保护委员会，协调好各区域之间的经济发展与生态保护之间的矛盾，协调好湿地利益受损者与湿地生态资源得益者之间的矛盾，加大湿地的整体性保护。

（五）协调湿地生态补偿监管部门责任

1. 展开公务合作制度

公务合作制度强调的是一个建立对外办事窗口。湿地生态保护管理部门应当跨区域、跨部门，从而形成一个专门的综合性的保护部门，以林业局牵头，财政部门作为资金的重要来源与支持，联动农业管理部门、水利部门等，开展湿地的生态保护工作。公务合作关系的建立不仅需要联合政府部门，建立联动机制，同时还应当与民间组织建立合作关系，充分发挥政府的引导作用，引导湿地管理部门的工作，建立统一的湿地资源委员会，推动湿地生态保护项目的可持续性发展。

公务合作制度的建立还需要统一协调好各部门的职责，明确在湿地管理中的权责。各部门应在法律授权范围内开展湿地管理，禁止超越职责和推卸责任。林业局负责湿地生态补偿的整体监管，审核和发布湿地生态建设的项目申请，项目审批，土地部门对湿地土地的利用严格责任监管，对于尚未进行湿地生态开发风险预测的项目禁止开发及其他一切活动，水利部门一方面进行水质的监管，另一方面对水资源破坏者进行惩罚，并将水利部门征收的水资源使用费财政转移。但是对一切活动应当严格监管，避免过度收费及保护不利事件的发生。

2. 强化公众参与制度

无论是进行湿地生态制度的建设，还是加强对湿地管理部门的监管活动，公众积极参与湿地生态环境保护的活动，参与生态监管是必不可少的环节。我国长时间湿地生态补偿建设以财政补偿为主，政府在生态补偿中掌握主导权，而公民在政府财政转移项目中的主体地位被忽视，缺少对补偿行为的监督，导致湿地被征收使用的补偿费不到位，或者延后发放补偿费的情况时有发生，加之政府对湿地的补偿往往是事后补偿，从而导致环境保护的工作不到位，一些违法违规的行为得不到及时有效的处理。

将公众参与制度纳入湿地生态补偿制度的建设中，严格湿地的所有权，区分国家所有权中湿地的公民使用权，和集体湿地中公民所有权之间的区别，区别保护。公众一方面参与到湿地环境的保护环节中，保护湿地，促进湿地使用的可持续发展；另一方面，通过严格监督政府工作，对于违法违规发放湿地使用许可的行为、政府财政部门延后发放湿地补偿金的行为、湿地使用者破坏湿地的行为给予严格的监督，发现问题，及时上报。尤其是因湿地保护而受到经济损失的公民享有经济持续补偿的权利，这种补偿不以现金补偿为唯一标准，取而代之的可以享有政府持续智力性、政策性的帮助，尤其关注环境移民对上述权利的行使。通过公众参与，弥补政府自我监督的缺陷，有助于湿地生态环境的保护，并在客观上维护湿地环境公民的基本权益。

第三节 湿地生态补偿市场化的法律制度研究

一、实施湿地生态补偿市场化的必要性及可行性

我国在湿地生态补偿市场化方面也一直在不断地完善，湿地生态补偿的范围和对象也在不断地扩大，特别是人工湿地生态补偿更有了进一步的提高（随着政府对湿地生态保护的认识不断提高，逐渐重视湿地保护，使得人工湿地面积有所增加），但即便如此，我国湿地面积还是在不停地减少，部分湿地甚至消失。一些地方政府也尝试将湿地生态补偿引入市场机制，提高补偿标准，规范补偿范围和方式，例如江苏省，对于水稻田的补偿在综合考虑当地生活水平和田地产品价值后，对农民做出补偿。

（一）必要性

我国的湿地保护问题，实际上还是国家在实现湿地环境利益与实现湿地经济利益时冲突的表现：二者的利益冲突造成湿地建设者、受益者，与破坏者、受害者之间付出与回报不成正比，湿地利益分配不公。故这些问题加剧了我国湿地保护的困难，严重影响了不同区域和不同人群之间的和谐友好关系，也阻

碍了经济的发展。

1. 保护生态环境

水是地球万物生灵生存的源泉，人类的生存、生产生活更加离不开水，而水若要得到良好的循环更是离不开湿地。湿地具有含蓄水源、地下水补给、净化土壤和水源污染，调节河水径流、防洪蓄涝、提供动植物资源、矿产资源、保护生物多样性等重要功能，对于人类生存、气候调节、净化环境污染等有着不可替代的作用。湿地生态系统是一种复杂的生态系统，湿地的类型和层次都较为繁多，具有水陆过渡性、系统脆弱性、功能多样性和结构复杂性等特征，拥有着自己独有的生物物种和较高的生产力，湿地对于生态安全、气候变化、人类的文明传承有着重要的作用。

但由于人类的不合理利用（经济发展、城市化过程）及气候变化的不利影响下，湿地生态环境一直在不断地退化，湿地生态系统的结构和功能越来越不合理、弱化甚至丧失，湿地系统内，水体富营养化、水位降低及水分收支平衡失调、水域面积减少、生物多样性下降、土壤有机质含量下降、养分减少、土壤结构变差，若不改变人类行为，重视保护湿地生态环境，湿地逐渐消失甚至荒漠化，最终会导致我们再无生存之地，地球不再适合任何生物生存。保护湿地不仅是我国生态环境建设的重要任务，更是维护国家生态安全的强制要求。现有的湿地保护方式已满足不了湿地生态环境保护的需求，不能有效的保护湿地，减少湿地面积损失，增加湿地面积，实施湿地生态补偿市场化是保护湿地生态环境的必然发展趋势。

2. 拓宽资金渠道

目前我国的湿地生态补偿是以政府的财政补贴为主导，资金来源较为单一固定，补偿资金由国家财政部门统筹规划，中央政府实行纵向补助。但这种自上而下的纵向财政补贴模式，无法满足湿地保护的实际需求，在实行中不单增加了国家的财政压力，也存在着调节力度有限、透明度低、寻租腐败的可能性。湿地生态保护中，市场性补偿机制的缺乏，导致湿地生态补偿筹资渠道过窄、资金有限，湿地管理者无法充分运用市场机制的优势多方面筹集生态保护资金，使得湿地生态补偿资金很难落到实处，生态补偿资金越发紧张，严重影响了湿地生态补偿市场化的发展，也不利于湿地的合理开发利用与保护。

3. 转变政府职能

十八届三中全会后，党中央提出要建设社会服务型政府，转变政府职能，特别是在 2016 年，政府取消了多项行政审批，便利于民。湿地生态补偿一直以来都是通过政府主导，保护者和受损者通过向政府申请，由政府经过审查是否符合补偿标准后，再进行补偿，保护者和受损者等补偿款最终拿到手，要经过很多程序，等待很长时间，若是有急需这笔补偿款的保护者或受损者，将会受到极大损害；且一般而言，这些生态补偿款大多是参考林木资源生态补偿的计算标准，很难真实表现出湿地生态资源的价值，保护者和受损者得到的补偿往往远低于其所付出的经济成本或受到的经济损害。湿地生态补偿市场化是比较符合现今社会生态文明的时代背景需求的，湿地生态补偿市场化的发展有利于充分践行社会发展观，符合管理型政府转变成廉政服务型政府职能的需要。湿地生态补偿市场化是让湿地的建设者、受益者、受损者和政府等多个主体都能充分参与其中，通过市场优化湿地资源配置，使之能够通过市场真实地反映出湿地的生态价值和经济价值，在政府的保驾护航下通过湿地市场交易，让湿地建设者和受损者得到应得的经济补偿。在十八大会议上也明确提出，有关湿地的生态保护建设是我国进行生态文明建设的重要实践之一。湿地生态补偿市场化法律制度是长期可行、政府与民众双赢的制度，它不仅符合建设服务型政府的要求，还可以优化我国湿地保护的空间格局，维持湿地生态系统的稳定性。

4. 弥补政府失灵

原则上，政府的存在是为了民众服务，提高社会效率，政府制定的政策法规应符合社会经济利益，但由于政府也具有经济人的特征，使得政府制定的政策法规不能够全面反映民众的利益需求，而以政府为主导的湿地生态补偿因政府所处的主体性地位，这一弊端也在湿地保护中逐渐显现，例如：资金管理不到位、权责不清、决策不合理、定价体系不公平等。而这些问题的产生正显示出完善湿地生态补偿市场化法律制度的必要性，市场化决定着湿地资源的最优配置，市场化可以公平合理地分配湿地利益。但也需明晰，有政府失灵就会有市场失灵，湿地生态补偿市场化是需要政府和市场相互配合，完善湿地生态补偿市场化法律制度就是二者相互配合、相互约束的最佳方式。

5. 促进社会经济发展

（1）从社会学角度来看

我们每个人都是自利的个体，政府也是具有自利性的集体组织。作为自利的个体，我们对于自己所有的物品，一定会尽自己最大努力来保障物品的最大效益。政府在从事某一活动时，也会基于自利性来选择对自己有利的一面，在目前情况下，政府从事湿地保护这一活动并不能从中取得任何利益或者只能取得很少利益，这就使得政府无法尽自己最大的努力来促进湿地保护的进行，反而更有可能基于其他的利益而损害湿地。而如果我们将湿地保护作为一种产业进行推进，政府和企业可以从中获取经济利益，这将会促使公众提高对湿地价值的认可程度，激发政府和企业保护湿地的积极性。

（2）从社会公平角度来看

将湿地保护推行市场化是将湿地资源分配进行了重置，使之透明化，置于阳光下，让市场规则充分发挥作用，保证公正、公平。实施湿地生态补偿市场化，可以有效调节湿地建设者及开发利用者之间的利益关系，而完善湿地生态补偿市场化法律制度的过程，也是社会资本和财富再分配的体现，不仅可以缓解区域间的紧张关系，消除因湿地保护引发的社会矛盾，实现公平、公正，也可以弥补政府的管控失灵问题。实施湿地生态补偿市场化法律制度与治理环境污染不同，其优势在于不仅可以完善我国现有的环境法律保护体系，而且还可以使原有的环境法律政策体系继续保持独立性、完整性、清晰性，及执行的可行性，促进我国法治的发展。就根据湿地保护的现状来分析，湿地生态补偿市场化法律制度是政府实施湿地管理和保护，所采用的一种手段，通过筹建和完善一系列相关法律制度和政策措施，实现湿地保护的目的。

6. 经济发展与湿地保护协调发展

协调好湿地保护和经济发展之间的关系一直是国家重点要解决的问题。湿地生态补偿市场化为湿地生态保护提供了弹性空间，社会经济的发展使得我国对湿地开发利用的经济需求，及限制湿地开发利用的环保压力都显著增加，而湿地生态补偿市场化法律制度，很好地平衡了这两者之间的关系。我国的湿地保护管理并不是严禁一切湿地开发活动，是允许一部分湿地可以合理开发利用的，开发者在采取了避免、减小和补偿的措施后，容许其在开发利用湿地时有适当的湿地破坏，实际上是给予了一定的损害空间于经济发展行为的。湿地生态补偿市场化机制能够激励私人实体对湿地生态保护进行投资，积极恢复湿地生态环境或增加湿地面积，或至少做到不损害，有利于调节湿地资源配置，在一定程度上平衡经济利益和湿地环境利益之间的矛盾。此外，从另一个面看，该制度的建立开拓了一条新的资本投资途径，可以满足经济发展的需求。

（二）可行性

1. 社会市场体系的完善

我国政府近些年一直在积极推动加快市场化进程，现代化市场体系也日臻完善，为实施湿地生态补偿市场化提供了实践基础。湿地生态补偿市场化的有效运行离不开完善的市场体系，发挥市场化的作用，需要市场体系中各类市场的相互配合，例如：信息市场、金融市场等，各类市场配合的越充分，构成的湿地生态补偿市场化制度才能更有利于发挥配置湿地资源的功能。我国在2000年年底已经初步建立了社会主义市场经济新体制及社会主义市场经济运行的基本框架，十八届三中全会到六中全会都提到了市场的决定性作用，积极完善市场体系，这为我国湿地生态补偿市场化提供了条件。

2. 绿色发展理念的普及

自世界金融危机以来，为应对全球日益紧张的资源环境问题，以合理使用能源与资源为手段、维护人类生存环境、促进经济社会可持续发展的绿色经济，日益成为各国政治经济舞台上的热点，世界主要经济体纷纷提倡实施绿色转型与绿色发展战略，以绿色经济为主要特征的绿色化浪潮，在全球迅速兴起。我国经济绿色发展理念逐步深入人心，为湿地生态补偿市场化的实施提供了群众基础。自在十八届三中全会中详细论述的加快生态文明制度建设的方方面面，特别提出实施资源有偿使用制度和生态补偿制度、坚定市场对资源配置的决定性作用，新《环境保护法》也规定建立健全生态补偿制度，明确国家指导协商补偿和市场规则补偿两种方式，种种迹象都显示出我国正在步入绿色发展和绿色崛起的新时代。

3. 国家法律政策的支持

2014年，我国通过了《环境保护法》修订案，该法律在第二条界定“环境”时增 添了“湿地”这一“自然因素”，虽然整篇《环境保护法》中出现“湿地”一词只此一处，但却让我们看到，在法律上我国已经明确将湿地视为环境保护中的独立保护对象，在这部被誉为“中国环境立法史上的又一重要里程碑”的新法中，表示国家对湿地真正重视起来。由国家林业和草原局2013年通过的《湿地保护管理规定》中，明确提出了湿地占用补偿要求，但是并未涉及具体如何实现占用补偿，因而各地方政府对湿地占用补偿机制就有了不同的规定，主要有四种方式：第一是以湿地补偿湿地，实施占补平衡原则，例如《广东省湿地保护条例》提出“按照占补平衡的原则，在湿地保护有关部门指定的地点恢复同等面积和功能的湿地”；第二是给付费用同时实施补偿，例如《苏州市湿地保护条例》的规定；第三是收取湿地占用补偿费，例如《甘肃省湿地保护条例》的规定；第四是自行补偿与给付费用二选一，例如《北京市湿地保护条例》的规定。这些湿地生态保护方式各地方政府都在不同程度地实施，取得的效果也有好有坏，相比取得实施效果最理想的是苏州市的保护方式，即引进市场参与，在政府与市场的双管制下，既满足了政府保护湿地的目的，又使得民众从中获得应得的利益，也让湿地资源通过市场调节得到优化配置，实现湿地生态保护利益的最大化。

政府和市场是社会经济运行和发展的关键，二者缺一不可，湿地的公共资源属性决定了湿地保护离不开政府。湿地生态补偿市场化实质上是在国家管控下的限量交易，政府对湿地生态补偿市场化的参与主体的资格、信用和湿地生态补偿市场化的运行都要实施严格的管理和监督，而建立起即符合市场规律的又受政府管制的市场确实会带来巨大的湿地保护交易市场投资，是非常具有潜力的市场。

二、湿地生态补偿市场化法律制度的完善

任何事物的发展都是一个循序渐进的过程，而湿地生态补偿市场化机制更不例外。湿地生态补偿市场化的发展趋势不是学者，也不是执政者能够预设的，而是其自身内在蕴含的。湿地生态补偿市场化是与我国的政治条件、经济条件、社会主流价值观、民族传统、整体行为模式及个人行为习惯等社会系统的各个要素有机的相互关联的。在我国要完善湿地生态补偿市场化制度是需要各方面的配套设施相互配合的，目前我国在这些配套设施上都很不完善。

（一）制定统一的湿地法

在现今社会，湿地生态环境对整个地球的生命系统和人类的生存发展有着重要的支撑作用。我国长期致力于经济发展而忽视对湿地的保护，无法满足现今社会经济发展对良好湿地生态环境的需求，湿地生态环境有关的法律法规体系亟待完善，有关政府机关的执法监督机制和综合执法能力也亟待提高，湿地生态补偿市场化法律制度亟待加强完善。

湿地是与森林、海洋同等重要的生态系统，关系着国家的生态安全，是人类生存和发展不可或缺的生态环境，我国有必要出台一部专门的“湿地法”保护湿地生态环境。我国在湿地保护方面已经陆续颁布了一系列政策文件，这些政策文件虽也涵盖了湿地保护的大部门内容，但因较为分散不成体系，且法律效力层级不足，湿地保护力度达不到，湿地保护艰难而行。湿地生态补偿市场化基于市场运行本身虽也形成了一套自有规则，但却不在法律规范保护范围内，而市场本身的不足，就需要政府的介入，但是政府也是趋利主体，并不能保证湿地生态补偿市场化交易的平等公正，无论是市场还是政府都需要法律对其进行规制，才能有效地保证市场的有序运行和政府的公正。综上，无论是基于湿

地生态保护本身还是基于湿地生态补偿市场化的有序运行，都需要建立权威统一的“湿地法”。

1. 统一湿地概念

湿地概念的界定不统一是我国湿地保护和管理困境的主要原因之一。我国没有专门的“湿地保护法”，因而对“湿地”概念的界定也没有权威统一的规定，不论是《国际湿地公约》还是我国的《湿地管理办法》《湿地保护行动计划》及各地方的湿地保护条例和其他法规，对湿地的定义不一而足，各有偏向，这就导致在界定湿地时会产生各种限制或盲目认定。对湿地界定的不统一使得各地方政府对于湿地类型的认识存在差距，湿地保护力度和方式不相符，最终使得湿地保护效果不甚理想。湿地生态补偿市场化是将湿地使用权作为交易对象，而交易的前提是需要对湿地概念进行清晰明确统一的法律界定。

2. 明确基本原则

我国的湿地生态补偿市场化法律制度已初具雏形，但很不完善，只有一些零散的法律规制，并不成体系。湿地生态补偿市场化作为一种市场机制，是需要我们对其进行严格周密的法律规制的，首先应先制定一些关于该制度本身应当具有的基本规则，以规范湿地市场，这些基本原则主要包括：“三效”相统一原则、公平与效率相结合原则、占补平衡原则、公众参与原则。

（1）“三效”相统一原则

“三效”相统一原则中的“三效”主要指的是社会效益、经济效益与生态效益，三者之间要统筹规划、协调发展、最终实现社会整体福利的最大化。不能只顾经济效益而忽视生态效益和社会效益，也不能只顾生态效益而忽视经济效益和社会效益。良好的生态环境是一切社会经济活动得以正常进行的前提，在扩大经济发展规模、加快经济发展速度的同时要充分考虑自然资源生态环境的承载力，要满足子孙后代对环境质量、资源利用的需求。湿地生态补偿市场法律机制的设计初衷正是在于实现社会经济发展与生态保护双赢的目的，因而，“三效”相统一原则对于我国湿地生态补偿市场化建设具有十分重要的意义。一个成功运行的湿地生态补偿市场可以带来三重效益：第一，给参与湿地生态补偿市场化的企业或组织带来经济效益，拉动湿地融资，促进我国经济发展；第二，对社会产生正面的效果，提高整个社会的福利水平和利益，不是以损害其他人利益的方式为代价；第三，短期内能够完成国家制定的经济发展指标，长期能够增加我国湿地面积，保护湿地生态环境，加强民众湿地保护意识，提高生态效益，促使经济效益、生态效益和社会效益实现有机统一。

（2）公平与效率相结合原则

湿地生态补偿市场化法律制度的建立还应当注重公平与效率相结合。公平与效率是经济可持续发展体系的内在要求，是实现社会利益最大化的根本要求。公平是社会稳定的基石，没有公平，将会加重社会贫富的两极分化，会导致国家陷入混乱之中，效率也就无从谈起；效率是公平的保证，没有效率，将无法实现社会资源的最优配置，同时也就很难实现真正意义上的公平。只有将公平与效率有机结合，贯穿于整个湿地生态补偿市场化法律制度之中，才能使湿地生态补偿市场化的功能得以充分发挥。在注重湿地生态保护的同时，充分发挥市场的作用，让市场来决定和调节湿地生态服务系统的价值，从而能够更加充分、有效地利用湿地生态资源。

（3）占补平衡原则

2016年国务院发布《湿地保护修复制度方案》中提出建立湿地“占补平衡”制度，湿地生态补偿市场化法律机制设立的目的是保护湿地生态系统，减少湿地损失，增加湿地面积，因而占补平衡原则必不可少。占补平衡原则是指，在湿地开发利用过程中，经批准占用湿地，要按照“占多少，补多少”的原则，补充面积和生态质量相当的湿地。占补平衡主要含有三个层次：第一，湿地面积占补平衡；第二，湿地生态总量占补平衡；第三，湿地生态结构占补平衡。我们通常理解的湿地占补平衡主要是指湿地面积占补平衡，很少涉及湿地生态总量占卜平衡和湿地生态结构占补平衡，而且是以人工湿地面积补天然湿地面积的损失。人工湿地的生态服务功能往往具有单一性，而天然湿地的生态服务功能复杂多样，人工湿地的功能和效益远远低于天然湿地。单纯的以湿地面积补湿地面积，忽视占补湿地的替代性和同质性，并不能保证湿地生态功能和生态效益的零损失。湿地生态补偿市场化法律机制所确立的湿地占补平衡原则，是在分析人工湿地与天然湿地，在同一流域与不同流域的湿地面积占补平衡、生态总量占补平衡、生态功能与生态效益占补平衡，目的就是在满足国家经济发展的同时，保护湿地生态环境，建设环境友好型社会。

（二）完善法律责任追究制度

法律责任是湿地生态补偿市场化法律制度必不可少的重要组成部分，只有明确与湿地生态补偿市场化相关的各参与主体的法律责任，才能保证湿地生态补偿市场化法律制度的有效实施，促进湿地生态补偿市场化的健康有序发展。湿地生态补偿市场化法律制度中法律责任主要包括三个方面。

1. 行政主管部门

行政主管部门是确保有序施行湿地生态补偿市场化的第一道程序，其在湿地交易过程中主要起到两方面的作用，一方面是管理湿地生态补偿市场的初始分配，另一方面是对湿地交易过程的监管。湿地生态补偿市场化法律责任制度更应该加强湿地补偿市场化监督检查，建立健全职责明晰、分工合理的法律责任体系，推动政府落实环境保护，实行党政同责、一岗双责。行政区域内的生态环境质量和资源保护由省级政府负全部责任，流域生态环保负相应部分责任，同时要求省级政府推进管辖范围内环境基本公共服务的均等化；市级人民政府在省政府的指导下进行强化统筹，并负综合管理职责；而区县人民政府要负责执行和落实上级政府下发的任务。对于行政主管部门不按规定履行相关职责，玩忽职守、滥用职权、徇私舞弊等行为时，应承担相应的行政责任，造成严重后果的，承担相应的刑事责任。

2. 市场参与主体

湿地生态补偿市场化参与主体主要是指湿地建设者和开发利用者。湿地建设者负有保护湿地，提供符合交易标准湿地的责任，对该主体制定严格的法律责任主要是避免以次充好、不积极履行保护湿地的义务。湿地开发利用者也称湿地购买者，他们也是湿地破坏者，该主体无论是在申请阶段还是开发利用阶段都应对其进行严格规定，若出现隐瞒重要信息、弄虚作假、扰乱市场、严重延迟或拒交湿地生态补偿金、违反合同等违法情形时，该主体应承担相应的民事责任，造成严重后果的还应相应的刑事责任。

3. 辅助机构

辅助机构主要是指一部分特殊机构，例如：律师事务所、会计师事务所、技术检测机构等，他们在湿地生态补偿市场化交易中的也起着关键的重要作用，例如：对交易合同的审核，对公司财务的审核，对湿地损害程度的鉴定等。对辅助机构的责任规制不可忽视，应当严格约束。辅助机构在为湿地生态补偿市场交易提供技术检测、会计、法律等方面的服务时，无论是单位还是个人，因过失或故意造成损害的，应承担相应的民事责任，造成严重后果的，还应承担相应的刑事责任。

（三）构建多层次的监管体系

一个高效、有序的市场离不开法律制度的严格监管。湿地生态补偿市场机制在我国还没有建立，只有个别城市有试行，各方面制度都不健全，从湿地生态补偿市场参与主体到湿地的开发利用交易，整个过程都存在着问题及风险，若没有一套完整的湿地生态补偿市场监管法律机制，将导致整个湿地生态补偿市场化出现市场垄断、市场滥用、市场信用缺失等市场失灵的现象，不利于绿色经济的发展，更无法有效保护湿地生态环境，优化配置湿地生态资源。

目前，我国湿地保护管理体系是由林业部门为主管部门，水利、农业、财政、环保、城建、教育等其他各部门在各自负责的管理领域管理，相互协调、相互配合。而湿地生态补偿市场化是一个高度复杂的市场，具有跨区域的特点，再者，其与金融市场、能源市场紧密相连，市场风险较大，涉及众多管理部门，因而，需要制定一个统一协调的市场监管机制，不仅需要政府监管、湿地生态补偿市场交易所监管，还需要社会监管，充分发挥各监管主体的优势，明确各监管主体的监管职责，形成一个多层次的严密监管体系。

1. 政府监管

湿地生态补偿市场化法律制度的施行，离不开政府部门的管理和监督，若要保障湿地生态补偿市场化的有效运行和发展，需要政府的严格监管。国家林业和草原局一直以来都是我国湿地保护的主管部门，对于湿地保护和管理已积累了丰富的经验，据此，我国湿地生态补偿市场也应当交由其主管负责。国家林业和草原局负责制定好湿地生态补偿市场交易的总量控制和配额发放，各省市的林业部门在国家林业和草原局的指导下，负责好本行政区域内湿地生态补偿市场的建立和发展；城建部门负责申报登记和变更登记；财政部门负责价格调研和交易情况审查；环保部门负责审查提交的资料，环境影响评价，湿地生态修复及保护方案等。也可同时设立“湿地监管会”与能源监管部门、银保监会等建立湿地生态补偿市场信息共享机制，防范金融风险、资源风险、生态风险等，促进湿地生态补偿市场、能源市场、金融市场的协调发展。

2. 内部监管

除了政府监管外，还需要湿地生态补偿市场具有自身内在的监督体系，以保证湿地生态补偿市场秩序的顺利运行。湿地生态补偿市场交易平台的内部监管，是建立湿地生态补偿市场交易所，其具有专业性和综合性，该交易所本身并不参与到湿地生态补偿市场的交易中，其主要作用在于为各类参与主体提供交易场所、交易设施、监督各方主体按照湿地市场规则交易等服务，促进湿地生态补偿市场的高效开展。

3. 社会监管

社会监管是政府监管和湿地生态补偿市场交易所监管的一项重要补充，其中包括了律师事务所、会计师事务所、信用评级机构、资产评估、环保组织、媒体和社会公众等。湿地生态补偿市场交易是一个专业性很强的交易活动，对于湿地交易的合作、交易协议的制定、双方主体资格和履约能力的审查等都需要聘请专业律师为参与者服务。而湿地生态补偿市场交易也需要对参与者进行信用和必要资产的评估及财务审计，保证湿地交易的真实性和合法性。环保机构、媒体及公众通过相关部门向社会发布的资料和信息对湿地生态补偿市场的参与者、交易所及执法监督人员进行监督，若发现由违法现象时可以向行政主管部门检举、揭发。加强社会监督，对于我国湿地生态补偿市场化的建立和规范有序发展具有重要作用。

（四）完善湿地生态补偿市场化的具体制度

1. 明确交易对象

湿地市场化的交易对象是指湿地使用权，明确湿地市场化交易对象是湿地生态补偿市场化法律制度的必然要求。湿地包括沼泽地、泥炭地、湿草甸、滩涂、湖泊、河口三角洲等，具有丰富的陆上陆下自然资源，我国对湿地的开发利用多种多样，但无论是水产养殖还是开发耕地、抑或者是开采泥炭、开发建筑都是对湿地的使用。湿地生态补偿市场不同于普通的商场商品，消费者付了钱就知道自己买到了什么，它是包括有形和无形两种状态的商品，有形的是我们可见的动植物资源、水资源、矿物资源等，无形的是湿地生态服务。《物权法》明确规定除了法律规定的属于集体所有的湿地外，一律属于国家所有。我国民众对湿地不享有所有权，只享有使用权，因而在湿地生态补偿市场化交易中，无论是有形的还是无形的，交易对象实际上都是湿地使用权，法律所规制的对象也应是对湿地使用权进行规制。

2. 建立市场化平台

湿地生态补偿市场化平台，是指由政府建立的从事湿地生态补偿活动的主要场所，其有固定的场所、交易设施、严格可控的交易规则和具体明确的交易产品（即湿地使用权），湿地生态补偿市场化平台是负有登记湿地建设者提供的可售湿地、开发者购买申请、调研湿地市场价格、为交易者双方提供交易合同管理、登记结算、缴收湿地损害补偿金等职责，方便交易双方及时、准确地掌握交易信息，有利于市场整合，提高市场交易效率。对湿地生态补偿市场的运行和发展具有重要作用。因湿地生态环境有其独特的区域属性，各区域湿地生态环境不尽相同，该交易所的建立关系着当地的湿地生态安全，这就需要我们对该平台的建立要严格把控，政府内部也要进行严格的审批和监控。湿地生态补偿市场化平台是政府与开发者之间沟通的重要桥梁。

3. 完善市场化运作

湿地生态补偿市场化交易的各方参与者在交易时都具有不同的功能。政府部门从湿地生态补偿市场化平台建立、湿地开发申请之初就开始参与，直至湿地交易完成后，继续进行监督。许可部门根据湿地生态环境所需要的条件，针对不同的对象设定不同的标准，审核其是否符合相应的标准以此决定是否批准湿地建设者设立、营建、出售湿地及开发者的开发申请。开发者在建设项目需要开发湿地时，需要向湿地生态补偿市场化平台购买所需用的湿地。湿地市场化平台审核开发者的申请文书，接受开发者申请，向开发者出售在平台信息库中所储存的湿地建设者提供的符合许可部门要求的湿地。许可部门在审核时，也要注意开发者的开发行为对湿地的影响能否避免，有没有合适可行的替代方案，是不是已经采取了合适的措施并最大化地减少对湿地的损害。在这些要求下，对这种已经达到最小化的湿地损害进行开发，就需要对开发者进行补偿，开发者经过许可，在向湿地生态补偿市场化平台购买湿地后，获得开发许可证，方可进行开发行为。

许可部门在审核后，根据开发者满足的许可要求情况，结合当地的地域情况，湿地建设者培育的湿地质量，决定可出售湿地的面积。如果湿地建设者培育的湿地已经符合了设定的条件，就可以允许其出售一定面积的湿地，如果在湿地建设过程中出现了不符合要求的情形，许可部门可以暂缓湿地的出售，或减少出售的湿地面积、数额，或使用信用评估机构的保证金，或决定终止湿地建设者的履行。在所有情况都符合，湿地生态补偿市场交易完成后，许可部门对于已出售的湿地的后续开发和保护及向湿地建设者购买的湿地的培育和质量进行后续监督。

4. 规范参与主体准入机制

湿地生态补偿市场化参与主体对于湿地市场的建立和发展至关重要，参与主体的资本能力及信用对湿地生态补偿市场化的健康有序发展有着重要的影响，因而有必要对湿地生态补偿市场参与主体的资格进行规范，规范的主体主要是湿地建设者和开发利用者的资格。

（1）湿地建设者

湿地建设者是湿地交易的主要参与主体之一，湿地的建设、修复和维护离不开湿地建设者。湿地是耕地、林地、沼泽地、泥潭、湖泊等等的混合体，不仅具有耕地、林地等的特征，湿地本身也具有独特性，故而湿地的建设、修复和维护都需要湿地建设者具有相当专业的水准。且湿地的建设和修复、维护不是一朝一夕就能完成的，而是需要花费长久时间和精力的浩大工程，这也要求湿地建设者要有足够的资金支持。因而，对湿地建设者的准入门槛一是要求其具有专业资质，二是要具有足够充分的资金支持。

（2）湿地开发者

湿地开发者是湿地使用权的购买者，其在开发利用湿地时，不可避免地会对湿地造成不同程度的破坏，且湿地开发者开发利用湿地为了谋取经济利益，故在开发利用中会尽可能地以最小成本获得最大利益，在利益与保护中必然会忽视对湿地的保护。基于这种考量，需要对湿地开发者进行严格的信用评估。根据湿地的所具有的各种价值及湿地建设者的成本投入，要开发利用湿地必定需要投入很多资金，这就要求湿地开发者要具有雄厚的资金。

综上可知，湿地开发者要想进入湿地生态补偿交易市场不仅需要经过严格的信用评估，还要具备充足的资金。

三、优秀经验借鉴

如今，世界各国湿地保护的开展大部分也都与湿地国际的宗旨相符，美国是世界上较早重视并开展湿地保护的国家，在经过较长时间的实践后，已经形成了相对其他国家较为成熟和完善的湿地生态补偿市场化法律制度，在湿地保护、恢复和再建等方面取得了突出的成绩，研究和借鉴美国的湿地生态补偿市场化法律制度经验，有助于完善我国的湿地生态补偿市场化法律制度，推进我国湿地保护的发展。

（一）湿地银行

美国在保护湿地过程中，运用市场交易手段激励湿地修复和保护已经有 30 多年的历史，已经形成了成熟的湿地生态补偿市场化交易法律制度体系。在这个体系中，美国主要实施了三种湿地损害补偿机制，湿地银行（也称为“缓解银行”或“湿地补偿银行”）、湿地替代费补偿和湿地开发者自行补偿，其中，湿地银行机制是美国联邦政府最为推崇的机制，因该机制的广泛使用使得其已经成为比其他两种机制较为成熟的交易机制，根据有效数据统计，湿地银行每年交易额接近 30 亿美元，是美国当前最大最成熟的生态服务交易市场。一般的湿地生态补偿机制施行中不仅存在着专业性不足、事后补偿等问题，最主要是会出现很多小面积分散的湿地，这些小面积和孤立的湿地，与其他湿地生态系统之间不能够形成紧密的联系，无法形成规模性的、完备的湿地生态系统。湿地银行提供的可交易湿地，一般是具有一定的规模，也具有完备的湿地生态环境，生态价值更是较高。并且，在专业团队的维护下，湿地可以得到专业和长期的维护，而这些大面积的湿地也能够容纳更多的野生动植物，消除栖息地动物间近亲繁殖问题。美国的湿地银行交易制度，要求开发利用湿地者在申请开发许可证时，因预期开发活动可能造成湿地损失之前，要先向湿地银行建设者提前购买可能造成损害的等量面积大小的湿地，以及同等生态功能的湿地，来实现对湿地的生态补偿，以此避免湿地的流失或者退化，而开发利用者在购买后，方可取得开发利用的许可批准。它是将湿地开发利用者本应当负担的补偿责任转移到作为第三方的湿地银行，并由湿地银行进行替代补偿。湿地银行的适用前提是，当就地补偿不可行时或者湿地银行的提供的方法对环境更有益时，可以适用湿地银行。

（二）湿地银行制度的优势

美国的湿地银行制度在保护湿地上主要有以下优势：①节约时间和人力财力成本，不需要再办理土地许可证之类的相关手续，而且有湿地银行专业人员和设备统一维护和管理。②合理转移风险和责任，湿地开发者通过向湿地银行购买湿地，将湿地的损害风险和湿地生态补偿责任转移，减轻了压力和成本。③保证湿地补偿的效果，湿地银行是湿地建设者，拥有专业的人员和设备，可以对湿地进行专业的维护和管理，能够保证对湿地生态补偿的效果。④弥补资金短缺，湿地银行是通过市场交易手段募集湿地的补偿资金，大大减少了政府的财政压力，在专业与技术的双重力度下，实现对湿地保护的高效管理。

（三）湿地银行制度的启示

市场是具有竞争性的，是有多种选择和机会的，而在这充满机会、选择和竞争的市场中，要让市场有序稳定健康的发展，形成一个公平公正的交易环境，必须要建立严密的市场规则。美国的《清洁水法》第 404 条就针对湿地生态补偿市场化交易设置了严格的许可证制度，并辅之以完善的配套设施和管理，在 1995 年颁布了《建立、使用和运作湿地补偿银行指导书》也称为《1995 年联邦湿地补偿银行导则》，在立法上肯定湿地补偿银行机制。在《水域资源损害补偿最终规则》中，为湿地生态补偿市场化建立了公平竞争环境，在保护湿地资源和生物多样性，维护生态平衡的同时，发展湿地经济，使湿地保护与经济发展和谐共进。我国也一直在不停地探索湿地保护与经济发展并存的生态经济模式，美国这种保护模式满足了我国的要求，但因我国是社会主义国家，实施公有制和集体所有制，因而对于美国的这种湿地保护模式我们可以借鉴却不能全盘照搬。我们应当在结合我国湿地资源现状和经济社会发展实际情况的基础上，吸收借鉴美国的湿地生态补偿市场化法律制度实践中行之有效的成功经验，对我国的湿地保护大胆进行制度创新。

第三章　湿地公园生态修复研究现状

城市化的快速发展造成湿地生态功能退化、生物多样性下降、面积缩减、污染严重。针对我国湿地公园生态现状及存在问题，在现有湿地公园生态修复策略的基础上，总结我国湖泊湿地、沼泽湿地和滨海湿地的生态修复研究现状，为湿地公园的生态恢复及可持续发展提供借鉴。本章分为国内研究现状、国外研究现状两部分。主要内容包括：理论研究、实践研究等方面。

第一节　国内研究现状

一、理论研究

在我国很早便对湿地的保护以及开发进行了研究以及实践，研究类型有：滨海型湿地、沼泽型湿地、湖泊型湿地和人工型湿地等。包括了以石油烃类污染、重金属污染以及化学农药污染为主的环境污染，以及水域环境脆弱区的生态破坏，针对不同范畴的生态环境问题，生态修复的方法也大致包括以下三种：物理修复方法、化学修复方法以及生物修复方法。研究的成果可以概括为以下几个方面。

①湿地资源的考察、分析以及综合评价。

②湿地的生物多样性调查以及珍稀动植物资源搜集。

③人为活动因素对湿地环境的影响以及湿地的可持续开发研究。

④湿地生态系统的生产力研究。

⑤人工湿地以及自然湿地的相关研究。

上述研究大多侧重于湿地的资源、环境、生物多样性及其保护与利用等方面，而对受损湿地的生态恢复研究得较少。近20年来，我国对东湖、巢湖、滇池、太湖、洪湖、保安湖、鸭儿湖、白洋淀等浅水湖泊的富营养化控制和生态恢复进行了探索，获得了许多成功的经验。

三江平原曾是我国平原区域内沼泽面积最大的也是最集中的地区，在过去的几十年内因对湿地重要性的漠视以及不合理的开发，导致湿地生态系统失衡，面积锐减。后经国家重视，成为我国学者以及相关研究人员研究湿地生态修复的重要案例。通过采用适当的水土调控技术，合理确定农业开发的规模与模式，成功地将湿地的生态恢复与生态农业建设有机地结合起来。

洞庭湖是我国的四大湖泊之一，其湖群是我国最大的湖泊湿地，于1992年被收入《世界重要湿地名录》，从20世纪以来至今，由于湖底的泥沙淤积和不合理地开发，其湿地生态系统遭受损坏，蓄水抗洪、控制污染、保养栖息地等功能在逐渐衰退。为了恢复并合理利用湿地资源，我国专家学者对洞庭湖的湿地景观结构进行了一系列分析研究，并通过合理的生态工程手段，改善原有的生态系统循环模式，减少了入湖的泥沙量，并通过生物净化作用来减少胁迫，进而保障了洞庭湖原有的生态功能。

二、实践研究

（一）香港湿地公园

香港湿地公园位于新界天水围的北部，1998年开建、2006年建成，总占地915亩。香港湿地公园建设初衷，即旨在打造一个成为世界级的旅游景点范例、能够提供教育意义展示的湿地公园。

在公园的设计理念上，确立了以环保优先、可持续维持以及人物和谐共生的三个理念。在规划设计层面上分为两大功能分区，即湿地休闲区以及湿地保护区。

1. 湿地休闲区

其主要是提供休闲游览以及科普展示的场所，分为方可中心以及探索中心。访客中心是香港湿地公园入口处的一个游客接待中心，设置有标本馆和展示厅等多种类型的科普类展厅，占地约为1万m^2，主要针对游客进行湿地的科普和宣传。访客中心是一栋高两层的绿色建筑，屋顶铺满了草地，体现了设计者的可持续景观理念，补偿了因建筑而减少的绿量，同时又能够与湿地的整体色调相协调，与整个湿地和谐地融入在一起。游客也可以在屋顶的草地进行观赏活动。休闲区的另一个组成部分为湿地探索中心，同样是具备科普教育功能的场地，与访客中心有所不同的是，探索中心的湿地科普教育是以户外的形式进行呈现的，游客可以在户外场地观察湿地生物以及湿地植物，了解湿地公园的水位控制系统和水质净化体系，通过自身的探索去深入了解。

2. 湿地保护区

湿地保护区有多种多样的生境类型，主要包括林地、淡水沼泽、红树林、观鸟区、人工泥滩、芦苇床以及储水库等。保护区根据场地内的基底不同，营造了不同的生境类型，从而构建了不同的生物栖息地，以致力达到生物多样性发展。在各个区域之间，为了不破坏场地内生态平衡或影响湿地生物栖息场所，又能够为访问者提供观看空间，设计者利用不同的手段规避了大幅度的人为干扰，利用生态化的设计手法使游客与湿地公园和谐共处。在红树林保护区，为了不设计穿越红树林的道路以避免破坏红树林的生态结构完整性，设计者于红树林间的河道上设置一条浮桥，长度约为 1500 m，浮桥可以根据水位的涨落进行浮动变化，既避免了破坏红树林的同时也提供了游客观赏空间；在观鸟区，设置了 3 处观鸟屋，并配备远距离望远镜，在不打扰鸟类栖息环境的同时能够满足观鸟体验。

在香港湿地公园的设计中十分讲究生态修复理念，利用原有的水体、林区来分割游客和原生生物栖息地，避免了人为干扰，在最大化满足观赏、科教功能的同时保护湿地，维护湿地生态系统的健康发展。

（二）滨州湿地公园

1. 设计背景

滨州位于山东北部，位于省会城市群经济圈和山东半岛蓝色经济区的叠加地带，区位优势明显。在第二届（2016 年）中国古村大会将在滨州举办的大环境背景下，作为城市重要生态廊道，项目将成为城市旅游体系重要部分。滨州湿地公园规划设计面积 720 hm^2，地貌特质明显，西部为林，东部为田。

滨州历史文化悠久，要充分把文化转化为项目，提升项目文化内涵以黄河文化、生态文化、民俗文化、造纸文化等文化为主题，打造多样文化体验。利用沿黄旅游带的文化旅游资源优势和第二届古村大会举办的契机，发掘基地自身资源禀赋，提升区域核心竞争力。

2. 设计目标

（1）总体目标：黄河古滩旅游目的地，美丽古村乡愁示范。

（2）构思理念：放大核心资源、做足农业资源、补充人文要素、配套服务体系、搭接多维产业。整体策划以人为核心，通过对本地居民及外来游客的需求结合现状特色资源，设计打造三个景观特色，分别为河漫滩特色景观观赏、农业综合体体验、特色古村休闲度假，并使之形成循环的体系，互相补给，互相促进。充分挖掘地域文化脉络，传承地方建筑风貌，赋予建筑多元文化主题体验，引领美丽乡村再造。并对现状民俗文化、桑皮造纸文化等进行深度挖掘，设文化园、演绎馆等，使市民对相关文化历史发展有进一步的认知。保护河滩的生态性，规划以生态为主，以生态步道、观景平台为主，分展示湿地生态功能与保护利用，并注入黄河发展文化，设置文化长廊及雕塑，对市民和游客起到科普作用。

（3）设计理念：纵横古今，阡陌风景。延续现状肌理，串联新旧演绎，凝练河滩田园，创造独特魅力。

3. 植栽设计

项目用地地貌特质明显，东部为大面积的基本农田，西部为林地，中间穿插一些果园用地，沿黄河区域为生态种植基地。

植物设计整体策略及总体设计原则为最大程度保留现有植物群落、遵循生态性原则、设计一条多彩的植物景观廊道。红色风情，植栽按季节划分，春季植物以碧桃、海棠、山杏、红叶李等为主，秋季以五角枫、红枫为主，冬季以红叶石楠、大叶女贞、油松等为主；橙色廊道主要体现秋季植栽景观，植物以白蜡、法桐为主；金色秋实主要植栽以果树为主，柿子树、白榆、山楂、苹果等；防护绿林主要体现夏季植栽景观，植物以杨树、草花为主。

对原有林带进行保留，补种，对于有些茂密的杨树林，进行适当疏减，打造疏林景观；同时将疏减下来的杨树，重新移栽植至防护林带。即节省了成本，又可打造出更多的景观空间。

在不同区域设置不同的植物群落有利于打造公园的整体景观面貌，旅游接待区——枫叶留丹，主入口以五角枫、红枫、红叶石楠为主体做精致组团，点名景区红色风情的景观主题。文化体验区——桃源春晓，以山桃、海棠、玉兰等具有传统文化寓意的早春花卉为景观主体，打造山花烂漫的景观风情。精品餐饮酒店——凝霞秋色，以鸡爪槭、五角枫、黄栌等彩叶树为景观主体，以大叶女贞、黑松等常绿树做背景，营造秋季漫山红遍、层林渐染的季相景观。遗迹与自然——林语花香，以果树（山楂、苹果、桃树）、杨树林为背景林带，林下种植二月兰、波斯菊等草花，打造郊野自然的生态景观。垂钓乐园——碧波观景，以垂柳、旱柳作河岸植物，以千屈菜、美人蕉为水生植物打造情趣盎然的滨水湿地景观。

4. 文化元素

滨州是一个文化底蕴深厚的城市，也是黄河文化和齐文化的发源地。这里出现过大量的名人，因而被世人所熟知。

主要文化有：黄河文化——黄河文化是中华民族传统文化的主体部分，培育了中华民族的民族精神，滨州处于黄河文明的核心区域，地理位置优势明显。齐文化——齐文化是中国优秀的传统地域文化之一，别具一格，特点明显，齐文化是一种不断创新、充满人类智慧的先进文化，滨州是齐文化的发祥地之一，齐文化的代表人物为东方朔、董永等。生态文化一滨州市生态城市建设布局与水利措施、生态措施、环境措施的结合方面达到了国际领先水平，代表为滨州市“四环五海”工程。民俗文化——滨州文化底蕴深厚，文化资源丰富，文化艺术以非物质形态存在，包括多种形式的民俗活动，如：吕剧、胡集书会，泥塑、木版画、民间剪纸、蓝印花布制作技艺等。兵家文化——滨州的惠民县为孙子故里，孙子著有巨作《孙子兵法》十三篇，为后世兵法家所推崇，被誉为“兵学圣典”，旅游景点有孙子故园、孙子兵法城等。造纸文化——造纸术是我国古代四大发明之一，桑皮造纸技术据说比蔡伦的造纸术还要早 100 多年，滨州西纸坊村村西南多桑树，民以桑皮造纸，称纸坊。滨州城市的多元文化资源为营造区域独特魅力，提供了坚实的基础。在多元的文化底蕴基础上，项目设计提炼强化这四种文化：黄河文化、生态文化、民俗文化及造纸文化。

为营造一个纵横古今、阡陌风景，延续现状肌理、串联新旧演绎、凝练河滩湿地的黄河古滩旅游目的地、美丽古村乡愁示范地。设计打造三个景观特色，分别为河漫滩特色景观观赏、农业综合体体验、特色古村休闲度假，并使之形成循环的体系，注入黄河发展文化，设置文化长廊及雕塑，对市民和游客起到科普作用。

滨州湿地公园设计之初对当地地域文化脉络进行了充分的挖掘，以传承地方建筑风貌为基本原则，赋予建筑多元文化主题体验，达到引领美丽乡村再造的目的。并对当地的民俗文化、桑皮造纸文化等进行深度挖掘，在公园中设置文化园、演绎馆等，让市民在湿地公园中游览的同时，对相关文化历史发展有了进一步的认知。

5. 园林建筑及景观小品

滨州湿地公园内的建筑主要以原址村落建筑为主，村落坐落于植被茂密的杨树林中，古村历史悠久，保留砖木结构建筑为主，外立面采用红砖，黄泥土加稻梗及外面涂抹混凝土，其加固建筑的坚固性和保温作用。屋顶处理同样加入大量的稻梗及木质，保证房屋结构坚固。各家各户运用泥土堆积地基，外贴屋顶瓦将建筑架高，提高抗洪抗潮性。

砖木结构：以木屋架、砖墙作为主要承载力的架构，与大部分农村房屋相似。这种房屋结构简单，成本低，材料准备充足。砖混结构：以钢筋混凝土、砖墙作为主要承载力的架构的建筑，这也是现阶段住宅建设过程中规模最大、较为常见的结构类型。

（三）西溪湿地公园

西溪湿地公园是一个集城市湿地、农耕湿地、文化湿地于一体的国家湿地公园。2009 年 11 月 3 日，被列入国际重要湿地名录。公园的前身一西溪湿地是经历 1800 多年人为干预的城市次生湿地，据相关建设法律法规，需打造成一个集资源保护、文化传播以及休闲游憩的城市湿地公园。

西溪湿地公园根据规划原则，实施了科学的保护措施以积极调整并控制人为活动强度，保护湿地生态系统的完整性。在具体的实施手段以及设计层面上，有以下几点进行。

①减少人为活动：采取“退屋还绿，退人还静”的方针，对湿地内原住民以及原有遗留建筑进行搬迁和拆除。对待重点保护区域严格控制游客进入，对大部分区域实行有限进入，确定游客容量控制标准并严格执行。

②改善水质：配备水源污染检测系统，沟通外部水系，结合内部塘、泊、农田湿地等水系，形成人工多水塘系统，与此同时配合固废收集、截污纳管等工程手段降低污染，做到真正意义上的活水。

③保护动植物多样性：在功能分区设计上进行保护区域的单独划分，划定生态保护区、生态恢复区、历史遗存区，设立湿地科普展示馆和 3 个生物修复池，将西溪湿地中生态环境较好、最精华、最具湿地特色的区块实行相对封闭保护。通过地形设计对塘堤进行加固和保护，设计生态驳岸、优化植物配置、调整地形坡度来完成生物栖息场地的构建。

④保护民俗风情挖掘本土文化：保护好当地的农耕文化，进行民间家具和农具的搜集，并设置展览区域进行展览；考察当地历史文化，通过挖掘历史文化内涵来指导景观设计过程。

（四）天津桥园湿地公园

1. 建设目标

①公园地处天津的重要门户位置，应具地方特色，展现城市风貌；

②营造生态环境，解决相当严重的盐碱地问题；

③为周边居民提供休闲娱乐的大型生态湿地公园。

2. 建设规模

①占地面积：400 亩；

②水域面积：200 亩。

3. 景观构成

（1）城市林带

公园外围靠近街道一侧，密植适应当地环境生长的高大乔木，形成自然隔离带，划分出一条明显的城市分界线，并在其中安置游园步道，成为公园的缓冲带，吸收并阻隔城市交通噪音，创建了一个闹市中的宁静公园。

（2）台地 - 沉床园带

高层次的台地和下沉式的庭院被交叉有序的设置在城市林带内。高达 5 m 的台地通过一条架空廊道相串联，每个台地上都配置了一种本土植物的幼株，形成不同颜色的区域，展现了植物幼苗状态的美丽，表达了对现代大树移植之风的反对立场。台地的周边坡地是由金矿、铜矿、铁矿等多种矿石铺就，是工业化港口城市天津的发展印记。

（3）群落取样区

从占地面积和空间位置上看，这里属于整个公园的核心区域。由乡土植物构成的 21 个泡状空间，各空间由于标高不同，水质和土壤会有不同的物理及化学特性，适合非同类的植物群落生长。每个泡状空间中都有一个平台延伸至群落的内部，为游客提供近距离观赏机会的同时，又不对生境形成破坏。

（4）服务区

在公园西南角，设置一组服务性建筑，环水而建，彼此之间以长廊、栈道相连。为了不影响游客的游览视线，建筑限高，多为两层低矮建筑，亲切而宁静，远看仿佛漂浮于水面和湿地之上，主要提供餐饮、酒吧、书吧等服务。

（五）南充江陵坝湿地公园

1. 设计背景

南充地处嘉陵江中游、四川盆地中北部，是四川省第三大城市，重要的港口城市。是国家进行准确定位的成渝经济区北部中心城市，也是该省物流信息中转站，四川五座双百特大城市之一。有“川北心脏”和“川北重镇”之称。是中国优秀旅游城市、有“绸都”和“果城”之美誉。高坪区，位于南充市南部，城区东部。嘉陵江中游东岸，属低山丘陵区。是四川省现代化农业产业基地强县、四川省优势特色效益柑橘基地县，6个乡镇进入国家现代农业示范区核心区。高坪自古即以果州著称，素有川北“鱼米之乡”“丝绸之乡”“柑橘之乡”的美誉。

2. 资源分析

（1）气候条件

南充市属于中亚热带湿润季风气候区，四季分明，雨热同季。年平均气温17 ℃左右，年降雨量1100 mm，全年以西北风为主。高坪区境四季分明，雨量充沛，热量丰富，无霜期长。区内平均气温17.8 ℃，年总降水量13 072.6 mm，高坪区多雾。

（2）地形地貌

南充市位于盆地地区，地貌有两大组成部分，低山与丘陵，地势由北向南呈现出越来越低的趋势，海拔为256～889 m，以丘陵居多。高坪区属丘陵地区。高坪区地势东高西低，形成由东向西缓倾走势。平坝地区分布在区境嘉陵江沿岸的江陵、龙门、青居等乡镇部分，一般海拔280 m左右，约占总面积的45%。

（3）水资源

南充市境内主要的河流有嘉陵江、西充河、虹溪河、东河等，均属于长江流域。水资源总量为400多亿 m^3。全市人均拥有水量600 m^3。高坪区境内嘉陵江、螺溪河、罗家河等大小溪沟呈扇状分布，年总降水量13 072.6 mm。水能开发前景广阔，嘉陵江16级梯级电站开发中有3级在境内。

（4）生物资源

南充动植物种类繁多，共有植物近2000种，其中药用植物700余种，属中国重点药用植物300多种。高坪区生物资源820多种。其中动物资源240余种，以产于嘉陵江龙门沱（龙门镇境）的“江团”（长吻）最为名贵，肉嫩味美、营养丰富，为南充著名特产。植物资源580多种。

3. 现状分析

港航山水休闲农业示范区一期项目规划区处嘉陵江南岸，包括堤内冲积河滩地、山麓坡地及部分山间河谷地，共计844 hm^2。

（1）堤内冲积河滩地

由江陵坝、杜家坝、吊马坝三块区域组成，面积分别约为458 hm^2、48 hm^2和337.8 hm^2，总面积约844 hm^2。

（2）山麓坡地

白杨家岩起，含罗家湾、和尚湾等望江内湾坡地及元宝山 坡地，面积约 32 hm^2。

（3）山间河谷地

自田家沟、张家沟、脱家沟至小槽沟一带的山间河谷地，可由港航公司驻地、罗家湾、和尚湾等望江内湾坡地经山路通达，面积约 39 hm^2。

项目内部基本农田靠近南部山体，一般农田濒临嘉陵江，建设用地与园地、林地形成穿插的形态。吊马坝村与江陵镇交界处有大面积有条件建设区。

项目区域内连接外界的道路主要为一条 3.5 m 左右的水泥道路，道路曲折，车流量不多，一旦有往来车辆便交错困难。道路路况较差，边坡大部分没有处理，没有排水沟渠等，限制了规划区域与外界的联系，不便今后的规划发展。

（4）堤内冲积河滩地

主要为河漫滩和冲积平原，现有农田及湿地等多重地貌。平坝地形极缓，导致区内排水不畅。西部江陵坝地势略低，中部杜家坝及东部吊马坝地势稍高，其中杜家坝紧邻江陵镇街区。

（5）山麓坡地

河滩地南侧有部分台地，如杨家大瓦房、张家院子、何家院子、五童庙等，现有菜圃、果林等农园，与丘陵低山相接。现有民宅多位于山麓坡地，即洪水线之上。

（6）山间河谷地

雨洪行水冲积谷地，以农田为主，民宅亦分布山麓台地之上。

嘉陵江两岸生长的野生植物种类达到了 2000 种，存在大量的天然次生林，以及其他的桤柏混交林等。

河岸也分布了大量的天然次生林，水草种类丰富，水边沼泽低宽窄不一，为水禽水鸟创造良好的栖息地，并在此繁衍生息。

嘉陵江流域湿地景观主要以多种鸟类为主。水鸟种类就达到了 50 余种，就栖息时间来做明确划分，包括夏候鸟、冬候鸟等。同时，还有经常生活在该区域附近的 4 种留鸟，以及 14 种夏候鸟喜爱在江边玩耍；而冬季则有 23 种经常性出现的冬候鸟。在候鸟迁徙的季节，在春季到冬季，就有 11 种旅鸟相继离开此地。

4. 设计构思

依据地形特色和自然河流山体围塑，板块由左至右依次分为三个功能区：

湿地生态开发区，江陵坝因大部分处在淹没区，板块以湿地为主题，以湖塘种植和淡水养殖为农业产业，并依据地形和游线布置入口集散、山谷养生区、湿地游览区、湿地教育展示区、河鲜美食餐饮区等。农业展示交流区，杜家坝紧邻联外道路，是地块内外联系的区域，此版块以农业博览园、物联网展示交流区等形成整个园区的展示交流门户。设施创意农业区，吊马坝淹没区小，现状农村和果林在地块南侧沿路布置，规划将现状农村加以改造和整合，以引进法国、东部沿海农业技术，将设施农业做大做强，形成以农业发展带动农户致富的示范区。

以“南充果文化园”“百果之园”、观光旅游休闲服务、物联网及多媒体展示营销平台等功能营造农业展示及休闲服务形象。以运河码头、“九曲花街”、湿地运河、沿堤步道等景观打造“嘉陵江——滩地”功能联动的绿色景观形象。以湿地运河、迎宾稻田庄园、迎宾酒店、中法农业景观、锦绣小镇、果农庄园、林果牧场等，形成沿山麓的特色农业景观形象带。现状优质血橘林进行整理，使之形成休闲活动性林地，横向串联各庄园聚落，每个庄园聚落间塑造纵向景观廊道，使内部人文景观和外部田园景观有机结合。

5. 水系规划

江陵坝片区以游憩水体、养殖水体为主要集中式水体，疏导南侧山谷间水量，结合现状泄洪河道，形成蓄水区。全区水体结合种植形成特色湿地景观，形成集功能和景观为一体的水网系统。吊马坝以现状河道为基底，在基地内部规划一条新的泄洪水道，形成内部灌溉水系依托，并将两岸种植进行综合整理，形成融合景观元素和灌溉功能的水系。

常水域面积 1523 亩，水深 2.5 m，蓄水量 253.8 万 m^3，10 年一遇洪水可淹没湿地种植区 205 亩，合计蓄水面积 1728 亩，蓄水量 368.6 万 m^3。雨季可以通过水坝放水保持区域内水系的充足流量。雨季也可通过山顶水库收集雨水，当区域水量减少时，通过水库补充水量，保证区域内水系的用水量。

驳岸设计原则：置石驳岸的石材可真假结合，充分利用素石本身具有的灵活性和可塑性，多塑造出供植物种植的槽穴，并结合鸢尾等水生植物或垂枝植物的种植，柔化驳岸的同时，使得水道与植物亲密结合。

6. 植栽设计

南充生物资源丰富，用地以嘉陵江大堤内的冲击河滩地构成，植物以湖塘种植为主，嘉陵江两岸野生植物品种达到了近 2000 种，种植了大量的天然次生林与柏松纯林。河岸主要种植了大量的桤柏混交林与其他树木等。水草种类丰富，水边沼泽低宽窄不一，为水禽水鸟创造良好的栖息地，并在此繁衍生息。

山地结合主题小镇形成草药种植区和稻田种植区。以七彩花田景观和现代法国农业景观为主题；以反季温室蔬果结合台农小镇形成反季种植景观，中央结合主题小镇种植油用牡丹和血橘，形成经济景观一体的种植区；地块东侧结合畜牧养殖种植当地作物和果林。

堤岸植物配置方面，主要以片植或群植的形式为主，并采取多种种植方式相结合，体现出一定的层次以及透景线，同时，林缘线与林冠线也要进行有机结合，岸边植物与水面相适应，错落有致，完整度较高。而同种片植或群植更好地与自然相融合，气势宏伟，多个品种的种植，错落有致，相互协调，主次分明。同时，游客游览过程中也能够更好感受到水体岸边植物季节性变化，还需要与岸边景色相适应，特色化鲜明，并根据花期来种植，尤其是叶色的乔灌木层次分明，在最底下种植了大量的花卉或地被植物，尽可能保证木本植物的观赏期。

陆生植物配置指将大量的陆生植物相结合，创造出良好的植物群落景观。该区域植物也要根据当地情况来种植，因时制宜，有利于保证正常生长，也能够提高其观赏价值。以成片植物、成群种植的方式，多个区域的植物种类要层次分明，体现其不同特色，呈现出更好的风貌。同时，在竖向上要体现其层次性，并将乔木、灌木等相结合来打造复层林，建立完整的群落景观结构。

湿地区以湿地种植和养殖为主体，打造集观光和作物生产于一体的湿地公园植物景观；湿地植物主要选取四川本土植物如鸢尾、美人蕉、慈姑、睡莲、芦苇、香蒲等，在此地都能较好地生长。

（六）成都白鹭湾湿地公园

白鹭湾湿地公园位于锦江环城生态区，西临成沪高速，北临绕城高速，南与双流片区交界，东靠龙泉蜂龙华片区，是成都市最早建成的城市湿地公园，总规划面积约 333.33 hm²，已对外开放区域 200.04 hm²，其中湖泊面积 26.31 hm²，草地面积 123.52 hm²，形成的景观占比分别为 13.15%和 61.75%，于 2013 年 5 月竣工开放，是成都市第一个国家级的城市湿地公园，对它的定位是集生态保护、都市农业、自然景观、科普教育、休闲旅游于一体的生态湿地。

1. 功能分区

从全园水系空间总体空间布局上来看，呈现“三块两片一线”的水体，白鹭湖、白鹭洲、荷塘月色为三块面积较大的湖泊。全园的功能分区以东面的白鹭湖、荷塘月色两大湖区为游憩活动区，中部的白鹭溪为缓冲区，西面的白鹭洲为保育区。功能分区符合《城市湿地公园设计导则（试行）》中的功能分区划定，体现了生态科学性和设计结合自然的理论。但是中部的缓冲区由于面积狭长，且场地上方是城市高架桥通过，造成东西两个区域的隔断，是景观斑块破碎化程度加剧。

2. 岸线与基底设计

三块湖泊水面宽窄不一，以白鹭湖的驳岸岸线最为曲折灵动，营造出了浅滩、岛屿、凹岸的丰富空间层次，还有木栈道连通，开合变换为游人提供了丰富的视野感受，也为动物提供隐蔽的栖息场所。翠堤两边分布两片水体，“一线”是贯穿全园的白鹭溪，这六部分水体形成了一个连贯循环的水域生态景观。虽然该湿地公园是人造型湿地公园，但是它的驳岸设计都是自然式的，可以见到凹岸、浅滩、岛屿、深潭等湿地形式，多层次的岸线与水陆过渡带都营造出了良好的湿地生境。总体水系设计曲折有度，自然流畅，有开阔缓流的湖泊水面，也有湍急的涧流曝氧，水流时而婉转时而通直，这样的水系布置增加了河岸、湖岸岸线的弯曲程度，丰富岸线空间的同时，进一步净化沉淀溪水，驳岸大都采用自然缓坡地形入水方式。

该公园属于人造型湖泊湿地公园，在建设之前对场地湿地基底调研，土壤环境并不能满足多种类型的植被良好生长，东面的陡沟河对湿地水环境还存在污染，所以在该项目启动时对水质的净化治理同步建设，并对原基址进行挖湖堆砌微地形，形成现在的人工湖等水体。全园水系来源自白鹭溪水（陡沟河）和上游的东风渠，东风渠水质相对较好，但白鹭溪水水质相对不佳，且贯穿全园，为了治理改善水质，在东区主入口专门设计了湿地水质净化区，采用生态技术的方法对水质净化。由成丛的黄黄葛蒲、香草根、芦苇等水生植物组成“生物净化过滤器”；在白鹭溪和东风渠的水源进入白鹭湾时拦截杂草、沉淀泥沙、过滤去污。

3. 空间布局与可达性

对白鹭湾湿地公园的可达性研究，同样是依据白鹭湾湿地公园的平面图路网和城市地图资料建立轴线模型，再运用 Depthmap 软件计算出可以表达可达性的集成度、连接值，平均深度这三个指标，形成直观颜色区分的模型分析并生成数据，再根据空间句法理论中对于模型呈现的颜色的冷暖就可对其可达性进行表达分析空间的关系。

白鹭湾湿地公园的所有轴线平均深度值在 14.19 ～ 37.17，其中白鹭湖南面区域的深度值最高，基本在 24.17 ～ 36.62，数据位于全园数据的高值区间，从模型中直观表现为该区域呈暖黄色，有些区域泛红色，根据空间句法理论表明深度值很高，可达性差，与笔者实地调研相比较，在这个区域的景点是柳堤、芦荡飞雪、木栈道，这些景点位置大多处于白鹭湖向湖心延伸的岛屿，且用木栈道相连，颇有湿地的野性自然美，芦荡飞雪景点以芦苇造景，风吹花穗飞舞，让人身处芦苇荡中感受水生植物的魅力；柳堤景点是一条环湖路，路边种植成列的柳树，用柔美的柳条与水面呼应成景。这些景点虽美，但是由于位置处于岛内腹地，鲜有游客来此，且周边浅水区域挺水植物生长太茂盛，有些木栈道若隐若现，让人望而却步。

白鹭洲北面到游客服务中心这一区域深度值在 22.12 ～ 26.88，翠堤南面的水域深度值 21.52 ～ 24.92，从模型中来看颜色大多是浅绿色泛黄，根据空间句法理论可得该区属于全园中深度值较高的区域，实地调研这些区域除了揽翠阁和锦汀草堂，几乎都是以湿地景观为主，没有其他人工景观设计，都是较为自然的植物造景，且以原始自然景观为主，未有过多人工气息，其功能性与这些地方深度值高、可达性低十分吻合。在西侧主入口区、健康步道到翠堤区域、北侧入口区及湿地净化区这些区域深度值都在 18 以下，模型呈现的颜色为深蓝色最冷色调，是全园深度值较低的区域，根据空间句法理论说明这些区域可达性相对较高，与实地调研走访情况相比较，主入口及公园中游览的主路线这些区域可达性高是设计比较合理的，这些地方人流量大，是全园重要的连接点，但湿地水质净化区可达性高与设计功能要求不符合，在调研中这里确实是人流经常经过的地方，但该景点是为湿地水体生态净化的区域，属于保护区，设计要求是避免人为干扰，与此地实际情况不符合，此处设计存在问题需进一步完善。其他区域景点如荷塘月色、白鹭湖北面各处景点及其他地方的轴线深度值在 18 ～ 22，可达性一般，景观功能与可达性相符合，设计比较合理。

白鹭湾湿地公园所有轴线的连接值在 1 ～ 7，其中西侧主入口区轴线连接值在 4 ～ 6 区间，湿地水质净化区连接值在 4 ～ 7，“芦荡飞雪”景点和游客服务中心的连接值在 4 ～ 5，根据空间句法理论可得这些区域属于连接值较高的区域，说明这些空间与周围其他空间联系度较高，空间渗透性较好，不是私密空间，方便游客通达，经实地考察只有湿地水质净化区这个区域存在较大问题，湿地水质净化区作为全园水质生态净化的区域应是减少人为干扰，设计成较为不易被人发现到达的空间，这样有助于生态修复及水体保护，而此处的空间连接值这样高，几乎从东侧主入口进入的游客都会来此地观赏一番，这样的空间设计不是很合适。

从翠堤到西侧主入口的健康步道在模型中呈现浅绿色表明连接值较好连接

值在 5 ～ 6，荷塘月色湖泊区的模型呈现绿色部分偏蓝，还有白鹭湖大部分区域景点模型都呈现绿色偏蓝的情况，从全园相比较而言，这些区域的连接值在 3～5，属于居中范围，说明空间渗透性及连接性一般，与实地考察结果大致相同，设计较为合理。科普走廊、翠堤两边水域区域、白鹭洲南面水域以及观景平台和锦江书院景点的连接值在 1 ～ 2 范围内是全园连接值最低的几个区域，根据湿地生态保护的原则，翠堤两边水域及白鹭洲南面水域属于湿地生态保护区域，所以连接值低，空间渗透性不好与湿地保护区人为干扰小的设计功能要求符合。宣传湿地科普知识的科普走廊与游客活动区中的观景平台和锦江书院景点的连接值表现出来的情况就不太合理，这里的景点设计就是为吸引游客展示湿地景观，却在空间设计上与其他空间连通性不好，不方便游客到达，科普走廊景点的空间渗透性不好，一方面由于设计上不恰当，另一方面是因为该位置处于机场高架桥下方，周围景色过于荒凉，给人一种离开公园的感觉，所以来这里的人很少。观景平台和锦江书院这两个景点的连接值低，在实地考察中也是存在景观没有亮点，空间围合度较高，被周边浅水区的挺水植物所包围，形成较为密闭的空间，给人一种隐秘而空荡无人的感觉，使这些景点无人问津，应进一步设计改造。

白鹭湾湿地公园的全园集成度数值在 0. 178 ～ 0. 5，从模型上看呈红色泛黄的区域大致分布在四个区域：西侧主入口区集成度数值在 0. 337 ～ 0. 452，翠堤一西侧主入口区集成度数值在 0. 421 ～ 0. 441，北侧主入口一游客服务中心、一白鹭洲北面集成度数值在 0. 355 ～ 0. 468，湿地水质净化区一东侧主入口区集成度数值 0. 352 ～ 0. 394，根据空间句法理论可得模型中颜色越暖则表明这些区域可达性较高，属于游客流动量大，全园易到达的空间，但是湿地净化区距离东侧主入口太近，可达性高与其功能要求不符，其他各区域的可达性与其功能性相符。

白鹭湖南面的各景点在模型中大都呈现蓝色，集成度数值在 0. 178～0. 254，有些甚至是深蓝色表明可达性低，经实地考察这些区域处在湖岸凹凸设计而成的岛上，有些景点位置离湖岸太远，在人工岛的腹地，虽然木栈道的交通路线完好，但园路曲折，周围水生植物茂盛，给人自然野性较强，让人产生距离感而放弃进一步观赏，说明在人工湖泊的形态设计方面，要做到湖岸曲折有度，过于曲折，或湖心方向造的人工岛探出岸边太远，在景点空间布置上就会产生浪费景观空间，导致可达性太低，无人观赏的现象发生。翠堤南面的水域在模型中同样也是呈现深蓝色表明可达性低，但是这区域是属于湿地生态保护区，设计要求就是减少人为干扰，防止游人进入，所以空间可达性低符合设计要求，其他的景点可达性与其功能性基本相吻合，从全园模型整体上看，冷暖色调区域有序分布，与其功能性大致符合，全园整体可达性良好。

综合以上三个指标不难发现，白鹭湾湿地公园的全园可达性良好，与实际走访情况及设计功能性整体较为合理，湿地水质净化区是全园较为突出的不合理区域，属于保护区内本应避免人为过度干扰，设计成不易到达的空间，但是经分析与实地调研，该处可达性好，空间联系性强，渗透性好，是东侧主入口进入园内易被发现的空间，这应有待改进。其次，白鹭湖南面一些景点布置在湖心岛腹地，离湖岸较远，周围的水生植物如芦苇、营蒲等植物生长茂盛，将景点景观隐藏，不易被人发现，可达性不好，而这些景点属于游客活动区，恰恰是展示湿地风貌的取景处，但由于上述原因让人望而却步，导致景观空间浪费，有待改进。其他景点如西侧主入口区、翠堤的健康步道、游客服务中心及白鹭湖大部分景点的可达性良好，这些也都是园中重要的景观节点，模型分析结果与实际情况相吻合，通过空间句法对建成的湿地公园的设计进行模拟分析，可以看到一些规划设计阶段留存下来的问题，这些问题一方面从后期管理跟进改善，另一方面通过局部设一些小品，改变游客景观关注点，以此来完善设计中的不足。

4. 动植物资源景观

白鹭湾湿地公园的植物种数 200 余种，乔木 10 万余株，大体分为湿地植物和非湿地植物群落。根据实地调研，白鹭洲和白鹭湖两片区域中水生植物 16 种，挺水类 13 种，以片植和丛植的种植方式搭配成景，主要的水生植物有鸢尾、水竹、香蒲、荷花、睡莲、香根草等。利用这些水生植物的叶形、开花、色彩、对驳岸进行造景，白鹭洲和白鹭湖是园内相对较开敞的湖面，在一些浅水区域中种植了睡莲、荷花，作为大片留白湖面的点缀，在一些区域种植大乔木水杉树阵，利用水面的镜面效果，让游客感受树影微波。白鹭溪横穿全园，其中水生植物 13 种，其中浮叶类 1 种，挺水类 12 种。在驳岸沿线和水中进行绿化造景，驳岸沿线种植香蒲、艳山姜等挺水植物，高低错落富有节奏感，在水中丛植呈线性排列，使用大多是睡莲、再力花、芦竹等较有观赏性的开花水生植物，一是形成亲水景观，二是分割水面，增加水景空间层次。

在荷塘月色中的水生植物有 10 种，为了突出该景点的“荷”特色，以睡莲、荷花为主要种植的水生植物，再搭配美人蕉、水葱等其他植物进行丛植或片植，用不同的叶形叶色与荷花、睡莲等植物相互衬托，形成湿地景观。在湿地水质净化区，有水生植物 7 种，该区域的种植方式是以多重种植池沿水渠逐级下降的形式，并且每个种植池内种植单一植物净化水体，每种植物都有自己不同净化水体的功效，这种植物生态展示设计不仅表现了植物的美还发挥其生态净化作用，在湿地公园植物设计中值得借鉴。非湿地植物主要在园路两侧绿地中使用，以自然式种植方式为主，局部一些地方有使用树阵的规则式种植方式。乔木有罗汉松、杜英、天竺桂、棕榈等。在近水区域使用喜湿乔木，水杉、水松等树形伸展、优美的树种，增加水面的纵深感，也丰富水面周围的竖向空间。这些灌木的景观种植设计主要是以灌木搭配乔木成景，为乔木做地下景观衬托，灌木主要有南天竹、栀子花、鹅掌楸等，地被植物有白车轴草、沿阶草、丝兰等。植物设计突出的问题是在养护管理中没有充分利用好生态系统恢复重建理论中的入侵理论，使得一些湿地区域植物出现传种和外来植物入侵导致本土植被衰败，形成湿地退化的趋势。

白鹭湾湿地公园内动物景观资源也是十分丰富，但是对其栖息地景观设计较为粗糙，景观性不强。该公园是《成都鸟类名录》指定的观鸟场所之一，白鹭属共有 13 种，还有其他鸟类如太平鸟、紫翅掠鸟、棕扇尾莺等。白鹭湾湿地公园中对动物景观资源的利用主要是以观鸟为主，在公园西部锦汀草堂景点周围有几处较为僻静的木栈桥和草屋，在这里可以看到对面河流树上的鸟群，常有鸟类在这边活动，所以这里是一些观鸟人士常来的地方，他们带着摄影装备在此拍摄各种湿地鸟类，而这样的设计将人与鸟通过河流分隔开，使鸟群栖息空间远离人群又不隐藏在密林之中，可被人看见，人与鸟共同生活在一个空间之中互相不打扰。鸟类的生活人们可以通过远眺的方式观看到，主要有白鹭等鸟群，做到了湿地公园的保护性原则。除了为鸟类提供舒适隐蔽的栖息之所，园内还建造岛屿、枯木、凹岸都为鸟类，鱼类和两栖类筑造了良好的栖息环境。在水域中经常有管护工人乘舟清理水中杂物，并且对一些鱼类合理放养，保证生态平衡稳定。

5. 园路设计

白鹭湾湿地公园的园路设计较为不同，受其基底及周边高架桥的影响，使其在园路设计上不成环路，而是形成公园东部所在的片区成环状道路，西部为一条主路贯穿，多条次路平行相辅的格局，这样的园路设计体现了设计结合自然理论。首先公园的西部功能以保护区为主，游客在这里的游憩行为主要是观赏，而不能做太多的亲近自然的活动，所以主路位于公园中间横穿而过，次路平行辅助将西部公园划分为横向四块，中间又有河流经过，形成人与动物的隔离屏障，人可在路上远观河对面的动物，却不能过度打扰，真正做到“只可远观，不可亵玩”的生态游憩模式。在东区是游憩区，有较多的亲水空间及景点，环路设计可以让游客充分游览这些景点，不错过美景，西区景点少，主路宽可以让不喜欢观看湿地自然风光的人快速通过，既减少了对湿地动植物的干扰，又让游客可以快速地到达游玩的地方。对于园路的铺装选材上，主路以红色透水混凝土材料铺装的绿道为主，耐磨使用寿命长，主路宽6 m，可在主路上骑行、步行等，次路铺装材料较为灵活，有石子路、砖石路等，富于变化，丰富了游览线路空间。但园路设计存在的问题是路虽宽，却未将人车分流，在游人多时骑行游览与步行游览的游客易发生不便和事故冲突，应对园内交通系统规划进行优化。

6. 景观小品

白鹭湾湿地公园中的景观小品包括一些休息亭、廊、木栈道和木桥，人们可以在这上面观看湿地鸟类，形成观鸟平台的一个小空间，还有一些景观石、景观小品的选材上使用原生态天然材料为主，景观亭廊都是用防腐木材建造的，色彩是原木色或黄褐色，颇为复古仿旧，屋顶覆上茅草，置身其中，就能体会湿地公园的原生态自然景观，荒野之美十足，甚有河边渔翁垂钓的生活气息。园内景观小品的突出问题是缺乏与湿地文化和科学生态性结合的设计，其景观小品设计形式单一，文化与湿地生态特色均不突出，丧失了湿地公园景观小品的生态文化性。

7. 科普教育及公共服务设施

科普教育展示主要是靠设置木质标识牌和钢板喷蓝漆的展示牌，分布在园路两侧，并未设在专门的区域内，内容是各种地理气候、湿地的科学知识展示，其针对湿地生态宣传的力度有待加强，科普深度和含量也要进一步提高，而且由于该公园是最早开放建成的，部分展示牌出现掉漆严重现象，影响其功能。在白鹭湖景观区，有以茅草为材料建成的草亭；还有木质栈道，增加水面的空间层次，也为游人提供休息处；园路的设置形成环线，其中有用红色透水混凝土材质铺面的绿道十分引人注目，为游人指明行走方向。园内的垃圾箱和园椅的设置也是采用大多数湿地公园采用的木质防腐木材质，布置较为合理，方便使用。白鹭湾湿地公园中湿地生态景观营造较好，但是缺少科普教育展示设计的载体，既没有展示生态科学性也没有体现其文化特点，科普的知识也较为随意，与湿地知识关联性较弱。

（七）西安浐灞国家湿地公园

西安浐灞国家湿地公园，位于灞河与渭河交汇口区域，是毗邻泾渭湿地省级自然保护区，总规划面积约 5.81 km^2，具备典型的河口湿地特征，是浐灞生态区湿地系统的重要组成部分。

浐灞国家湿地公园规划区内主要河流是灞河，自东南向西北注入渭河，浐灞生态区内土壤类型主要为黄塔土和潮土，由于该区域临近秦岭、吕梁山脉，植物资源丰富，亦是鸟类迁徙的必经场所。同时有关湿地动植物方面，根据浐灞生态区植物名录，区内湿地植物种类共 48 科 168 种，动物种类共有 47 科 166 种，其中鸟类种类较为丰富，鱼类动物组成较为复杂，种群数量低，珍稀濒危物种较为丰富。由于原有的工业企业废水排入，导致污染严重。

基于“突出湿地自然生态设计主题、注重社区参与，人与自然和谐相处”的指导思想，依据“生态优先、科学修复、适度开发、合理利用”的规划原则，本着“以优美良好的湿地生态环境为基调，改善城市综合环境品质，突出城市生态形象，优化整合灞河两岸资源，拓展城市发展空间”的规划目标进行公园的建设。西安浐灞湿地公园根据各区域的景观特点和资源特色，并在充分考虑生态保护和便于管理的前提下，将其划分为以下五个功能区：生态保育恢复区、湿地展示游赏区、生态农渔体验区、兰湖休憩区、管理服务区。其中生态保育恢复区位于灞河西侧的湿地水面，面积 10 hm^2，为鸟类提供栖息地，同时承担湿地原生生态生境恢复的展示以及科研监测；湿地展示游览区沿灞河西堤由南向北分布，面积 175 hm^2，主要进行生态净水工程的科普展示、生态湿地景观的休息游览以及灞河的历史文化体验；生态农渔体验区位于规划区西侧，共 240 hm^2，目前有 200 户居民居住，2007 年被民政部确定为“全国农村社区建设试验区”，区域内有农田、水塘、种植等农业项目，起到现代农业科技的示范、宣传、推广作用，同时也按足了游客的多种需求；兰湖休憩区位于灞河东侧 170 hm^2 区域内，有两个自然村以及大片农田、小路、水渠等，主要体现公园的休憩功能，保护湖水观光休憩、运动休闲、美食品尝等；管理服务区则是提供服务功能的区域。

整个公园重点展示湿地植被、湿地动物、湿地水系等生态景观，倡导绿色、低碳的生活模式为基调，拓展各类互动性体验活动。

（八）西安泾河湿地公园

1. 设计背景

西安市是陕西省交通畅达、区位优势明显的西部城市，是西北通往中原、华北和华东各地市的必经之路，东方世界历史文化的代表区域之一，文化底蕴深厚，大气磅礴，也是我国古代历史的重要组成部分。泾河新城是西咸新区五大新城之一，位于咸阳市泾阳县境内，建设成为西安北部中心，西北消费产业基地，战略性新兴产业和高端装备制造业，城乡统筹田园示范园区。陕西省是拥有国家级湿地公园数量居于领先地位的省，自 2005 年之后，国家就制定了打造首批湿地公园的计划，我国现阶段的湿地公园数量达到了 38 家，而该省以 5 个湿地公园名列各省份之首。依托西安举办园博园的大好时机以及西安的渭河、泾河等宝贵水资源，西安新建和规划了众多的湿地公园，其中，浐灞湿地公园被评为国家级湿地公园。未来的湿地公园主要建在重要河流周边或者是城市新城内。湿地公园将成为城市新城提升环境品质、打造城市形象的重要手段。

2. 现状分析

景观设计范围为防洪大堤外至原规划路以北、防洪大堤以内主河槽南侧滩地。设计面积 180 hm^2。基地紧邻泾河，整体地势低矮和缓，局部地区坡度较陡，地形高差大。大部分区域处在泾河 100 年一遇洪水水位线之外，洪水威胁较小，只有中部地势低平处处在洪水水位线内。

3. 设计策略

基地自东而西，因立交、道路及桥梁分割，为区分六个区段，打造生态景观、满足人们的娱乐休闲需要、同时也是一个度假区。呼应紧邻的新城三大邻里单元的产品特质、诉求对象及活动需求。设计六大活动特色区段。

4. 水系规划

水系规划目标：①保障湿地水资源总量、保障上游来水、保持湿地的行洪、蓄洪功能、保持一定的水面面积、适当控制水位。②保持水体的自净能力、恢复和保湿水体的生态属性、恢复和保持湖塘、河道水陆边界的生态属性、加强湿地湖塘水体的生态修复、适当配置污水处理设施，处理当地的生活污水，同时为湿地提供补给水源。完善湿地生态系统。

湿地公园的水源主要来自泾河的河水源补、雨水收集和中水回用三部分。其中，区域中水通过污水处理厂净化后排向泾河。湿地再通过泾河补给水源，间接地利用中水。通过雨水花园、生态蓄水库等防洪工程来满足暴雨径流的调蓄功能。树木和大量的挺水植物可以减缓径河洪道中洪水的行洪速度。通过不同区域挺水植物的设计，实现植物分洪和滞洪。湿地中有很多种水流控制方法，其中大多数都包括调节水位、排水以及在湿地区域内小区块间截断或导向水源。其中，堰是调节湿地水位最简单的方法。

为了减少地表径流、风浪等给泥土堤坝带来的水土流失，驳岸设计尤为重要。草本植物的根很浅，不会像乔木或灌木造成堤坝的稳定性问题，而是在地表覆上一层浓密植被，可以固定土壤，稳定堤坝。不同半坡斜率的堤坝，采取不同的水土保持措施。

通过面状的森林以及带状的林带等不同形式的植被形式，起到水土保持、调蓄雨洪的作用。同时，通过坡地的截流沟，将洪水或者暴雨引至湿地，从而起到水土保持的作用。

5. 植栽设计

植栽设计方面，尊重西安特有的气候条件及深厚的历史文化底蕴，充分利用乡土树种，适当引进外来新品种，倾力打造花繁、叶茂、林深、水秀的特色植物景观。

从外而内，植栽设计打造成多层次的景观观赏点，并建立四季植栽景观区带，充分体现当地游憩特色。植物应具有良好的生态适应能力和生态营建功能，所引种的植物必须有较强的耐污能力，植物的年生长期长最好是冬季半枯萎或常绿植物，所选植物能够与该地区生态环境建设相适应，能够提高当地景观综合价值，并创造更大的经济效益。

春季主要造景植物：白玉兰、迎春、连翘、丁香、碧桃、垂丝海棠。

夏季主要造景植物：合欢、木槿、玉簪、荷花、睡莲、萱草、八宝景天、郁金香。

秋季主要造景植物：银杏、红枫、芦苇、浮萍、石榴、波斯菊。

冬季主要造景植物：白皮松、雪松、沙地柏、铺地柏、蜡梅。

6. 文化元素

西安泾河湿地公园位于西安市泾阳县境内，西安市是东方世界历史文化的代表区域之一，文化底蕴深厚，大气磅礴，也是我国古代历史的重要组成部分。泾阳县人文历史资源丰富，文化积淀深厚，拥有独特的自然景观和堪称中国“四个第一”的历史文化遗产：中国第一点——大地原点、中国第一塔——崇文宝塔、中国第一渠——郑国渠、天下第一堡——安吴堡。

（九）合肥滨湖湿地森林公园

1. 设计背景

合肥作为我国的省会城市，连接了濒临长江流域和五大淡水湖，优越的自然环境，地理资源丰富。合肥是国家有关部门批准的全国园林城市，市内公园种类较多，园林植物齐聚，打造成城市与公园有机融合、相互交融的特色化的城市园林风貌。

根据《合肥市城市空间发展战略及环巢湖地区生态保护修复与旅游发展规划》，合肥市将构建以湿地绿带网络为骨架的都市区整体生态格局。依托此政策背景，设计建设合肥滨湖湿地森林公园。

2. 现状分析

规划用地北依甲子河，南达环湖北路，西连巢湖南路，东临南淝河，规划面积约 374.8 hm^2。用地原为巢湖滨湖湿地，周边由巢湖、南淝河、十五里河与甲子河包围，形成圩区（大张圩），地势低洼，标高在 8.0 m 左右，而巢湖常水位在 9.0 m 左右，经人工筑堤防洪后，作为生产防护林地。但存在严重的内涝威胁。

（1）水系现状

人工水渠纵横，形成鱼骨状水网结构，是人类改造环境的重要体现，基地内水网自成系统，与周边河湖水域是两个水网系统，基地被南淝河、十五里河及巢湖北岸的堤坝环绕，防洪标准、堤岸高程不一。

（2）现状问题

水系驳岸以工程化为主，水体缺乏流动性，水质较差，植被单一：基本为意杨林。

3. 设计目标及主题

依据用地自身条件，结合上位城市规划指引，确定规划区目标定位为：生命颐养、生态游憩、生态教育展示于一体的复合型湖滨湿地森林公园。通过五大策略对公园制定发展规划：加强生态保护、保护生物多样性，并创造良好的人与自然和谐共存的环境。低碳开发：尽可能以当地自然生态景观为主，并以自然理念来加强生态建设。功能重构：加强旅游基础设施建设，并提高服务质量，打造成几个空间，并创造多元化的湿地森林公园景观。将计划划分为几个阶段实施，提高计划可行性。

合肥滨湖湿地公园园区内旅游产业的发展，应以资源重组下的生态旅游开发为基本出发点，规划为以下三大主题。

生态休闲主题——以山、水、林、园等自然生态条件和休闲度假设施为依托，开展观光、健身等活动。包括森林氧吧、森林公园、湿地公园，水上游船等。

民俗文化主题——以自然存活格局为载体，以巢湖文化为龙头，引入元宵节花灯会、民间手工艺展会等弘扬园区内民俗艺术、船舶乡土人情，丰富园区旅游项目。

特色游乐主题——以森林主题乐园，户外野营基地，户外拓展运动等项目为主要支撑，开展山水观光，动感体验活动，为整个园区增加亮点和活力。此外，特色主题游应与滨水区湿地区联动，携生态、科技、低碳之势，共同打造滨水特色游主题文化区域。

4. 总体设计方案

规划形成“一心两区一带”的空间功能结构。

森林养生颐养区：保留原有良好生态本底条件，为游客提供安静的森林颐养环境，为鸟类提供静谧的栖息场所。

森林游憩体验区：结合原有森林景观，适当布置旅游服务功能，提升景观功能多样性，完善生态系统。湿地生态观光体验带。

城市路网依照总体规划，环湖路与方兴大道把园区分为两个部分，内部依照现有路网规划电瓶车路，并与外围路网衔接，三级路网共同构成园区及周边的车行系统。园区内规划环形游览路，中间飘带形游廊，构成区内主体步行游览路网骨架。服务整个园区。其他小游园路联系各个景点。为了给人类游览创造良好的体验，园区规划打造了大量的公共服务设施，并将其划分为多个功能区，并做好客源预测。

5. 水系规划

规划从南淝河提水对园区的水系进行补水，采用生物净化的技术手段。水系中种植净水植物进化水。在十五里河与南淝河交界处设立水生态净化教育区。用水车提升河道水进入场地，利用生物净化原理，分沉淀—氧化—曝气—水生植物净化—水生动物过滤净化—观赏水质等不同步骤，利用物理的和不同生物的不同净化功能，对水质进行净化，并设立净化原理展示牌，成为生物生态净化功能的教育展示示范基地。

整体形成排涝灌溉系统和循环系统一体化设计在园区原有水渠基础上整理形成外围环型水渠，与原有东西向主渠形成日字型主循环系统。主环型系统又由环环相扣的三级次环形系统组成，沿主干渠分段设计大景观水面同时是三级循环的蓄水站，通过高程整理结合泵站坝体保证将内部的水量分三级均匀储存。

循环系统：被泵站和坝体分开的不同层高的三级环道水系可根据需要断开或联通，形成五到六个个小循环系统，可以分时段进行循环净化。

排涝：丰水期园内水流由地势高的地区向低地区自然排水。并由东林泵站排涝。

灌溉：枯水期泵站由低向高呈阶梯状抽水：根据景观需要采用三级泵站和水坝控制园内循环灌溉。

6. 植栽设计

合肥是国家有关部门批准的全国园林城市，市内公园种类较多，园林植物齐聚，打造成城市与公园有机融合、相互交融的特色化的城市园林风貌。项目用地内有大片的意杨林，根据总体规划及保护原有成片林地的原则，尽可能在原本场地格局基础上，防止原有意杨林遭到破坏。并以道路交叉点为突破口做出适当改造，充分体现景观特色，打造人流活动区域。为游客提供安静的森林颐养环境，为鸟类提供静谧的栖息场所。

人工定向演替，打造成多样化的湿地景观，植物种类较多。滩涂地段地形打造成多样化的植物生态丛林。由于意杨生长速度较快但寿命短，而森林公园建设过程中，则主要以人工种植为主，并与边缘地区有机结合来设计，打造成自然混交林地。保护原有的生态进程，减少对林地内部自然演化的干扰。

公园主景观区，丰富的植物景观可增加观赏效果，植物以香樟、黄山栾树、垂丝海棠、红枫、水杉、八角金盘、金丝桃、南天竹等为主。中心绿化区为现状林业种植区，以大片的网格状意杨林为主。树丛湿生植物区以多层次的花卉植物形成色彩丰富的视觉景观带，植物以金莲花、山丹花、柳兰、金鸡菊、鸢尾、萱草、紫萼等为主。生态植物景观区是公园的自然生态区，以乡土树种如柳、榆、朴树等稀疏树丛和大片湿地植物为主。滨湖绿化区为公园内的湖滨景观带，滨湖绿化为主，可采用大量的水杉、垂柳、碧桃以及木芙蓉、云南黄馨等。湿地绿岛以水生和湿生植物为主，以起到沉淀过滤的作用，植物以苦草、金鱼藻、芦苇、香蒲为主。

同时公园通过“春、夏、秋、冬”四个子园来表现湿地公园四季更替不同的景观特点。主要利用季节植物及时令花卉来营造场景，使景观面貌更为生动。

7. 文化元素结合景观小品

“渔樵耕读”是农耕社会的四业，代表了民间的基本生活方式也体现了古代人对这种恣意的田园生活和淡泊自如的人生境界的向往。项目通过对四种农耕方式的品读，以典故中的人物为线索，将“渔樵耕读”四种不同生活生产情景还原在场所当中，并设计与主题相关的互动场地和小品，供人们游玩和对农耕田园生活的体验。

入口处的民俗印象营造丰富多彩的临水生活气息。破败的木舟和微风中的渔网，散发的丝丝渔乡之情。渔庄景观布置比较随意，零星的高脚茅草小屋零散或组合在一起，晾晒的渔网在海风中摇动。场地加入一些出海打鱼的情景雕塑，反映出渔民面对风暴的勇敢和对水乡的热爱。

樵夫院主要营造出破旧和古朴的景观效果，碎石块基座，黏土垒砌的矮土墙，体现出樵夫生活环境的简陋。搭配简陋的独轮推车和古井等雕塑小品，增加生活气息。

以农耕为生的牛家庄，阡陌交通，鸡犬相闻，仿佛置身世外桃源一般。农夫以耕作为主，院落布置营造干净整洁的环境，院外主要利用草本植物的种植营造田地景观，并用农夫耕作雕塑来使场景富有生活气息。园内菜畦块状种植，体现出农家院的安逸与舒适。

同时保留土地原有机理，鱼塘化丘，小道化路，运用抽象手法体验鱼桑之情。运用各种石块几何有序地摆放，和草地不同质感的对比与结合，象征时间的流逝和历史的变迁。

合肥滨湖湿地公园通过诠释以“渔樵耕读”为主题的文化元素，营造出了一个古与今交融、人类生活与自然生态和谐并存的文化景观面貌，利用互动场地、原乡建筑和小品体现文化内涵，使湿地公园体现出了更为丰富、多元、特色的景观风貌。

8. 园林建筑

合肥滨湖湿地森林公园内的建筑风格，采用中国古典园林设计手法，将建筑风貌打造成舒适、恬静、优雅的世外桃源。

从加建建筑走出，后院是一片开阔的观景平台，在开阔的平台上让人心旷神怡，眼前景色犹如画卷。在此处观景、健身、小憩、宴席均适宜。采用障景的手法，由曲折的栈道将游人引向湖中景观亭——偎清小筑。在小筑中，四周景色尽收眼底，亲水、听风、观鱼，视觉、听觉、触觉的感受让人久久不愿离去。经过曲折回转的“回廊春寂”，到达中心景观地带，这个区域景观仍然运用了障景的手法，四周多栽植景观花木对“凭栏眺水”进行遮挡，景观效果若隐若现，若即若离。向北经过竹林小径可到达酌酒花间，周围密植的植物保证了这个空间的私密性，亲密的朋友坐在一起品着美酒，谈天论地。“凭栏眺水”的东侧，郁闭的植物包裹着小径，曲径通幽，散步其中，花香扑鼻，使人心情舒畅。小径尽头的“孤月沧浪”与“偎青小筑”形成对景，景观亭借用沧浪亭的样式，不但追求形似，更要达到神似的效果，夜晚可于亭中赏月。

公园内还有少量服务设施，设计风格偏现代，建筑的屋顶、墙壁、隔断、家具等建筑的绝大部分因素都用木材做的百叶来实现，尽量不使用混凝土，以达到建筑与周围环境和谐交融、浑然一体的效果。同时建筑本身以一种俯伏的姿态，隐匿于山林，以非常低调谦逊的手法，使建筑“消失”于环境之中。主材料选用当地产的石材或者木材。

（十）哈尔滨群力新区湿地公园

1. 场地概况

哈尔滨群力新区位于哈尔滨市区西部。北侧隔松花江与市政府办公楼相望，南侧为通向机场的高速公路，西临长岭湖风景旅游区，东接二环，场地内部贯穿三环四环，是城市交通的重要节点。群力新区湿地公园位于新区中央，是城市居住新区内的六大主题公园之一。

湿地公园总占地面积34.2 hm^2，核心区原生湿地占全园面积的63.7%，奠定了全园以自然湿地为主的基调。湿地公园的前身为黑鱼泡湿地，这里曾经占地面积达100余 hm^2，周围沟渠密布，水量充足，春季吸引众多鸟类驻足栖息。随着城市化发展，人为介入开荒耕种、湿地变为农田、鱼塘，农业活动消耗大量水资源，原有水系难以满足湿地的需求，湿地发生退化现象。

2. 案例分析

针对上述问题，群力新区湿地公园的设计将“水”作为重要的切入点，从空间分区、竖向设计、水系统构建等多角度对湿地进行保护和恢复。

（1）空间分区

在空间结构上，原生湿地位于湿地公园中心，也是湿地公园的核心部分，外围包裹人工湿地，隔离四周大量开发的居住区，起到缓冲的作用。其中原生湿地区域没有设置任何新建道路，完全保留场地原有田埂路，人们只能从四周远距离观赏中心湿地景观，保证中心区域栖息环境不受人为干扰，为生物营造安全生活场所。

（2）竖向设计

在竖向结构上，构建阶梯式的人工湿地系统，灵活消除原有湿地与城市边界2～3 m的高差，在有效阻隔城市噪声污染的同时，遮挡城市硬质界面，为湿地内部游客提供良好的景观视线。高差的设计同时方便湿地汇集来自周边街区的地表径流。

（3）水系统构建

湿地公园水的可持续利用依托于良好而连贯的水网体系，当水系在城市建设过程中被切断时，重新构建连续的水网极为必要。群力新区湿地公园北侧待建用地同样可以汇集雨水，雨水通过地下管网连接湿地，进行针对性的调蓄。周边城市汇集的溢流雨水汇入场地内部，在场地内，根据现状地表径流分析，将湿地设计三级淹没区，根据水域的季节性变化进行分别调蓄管理。在水质上，针对性地利用湿地植物富集重金属，通过微生物解决水体富营养化的问题。

3. 评价

从城市与自然的关系角度来看，群力新区作为以居住功能为主的新区，中心的湿地公园相当于整个区域的绿肺，既要重新连接因城市化建设导致的城市自然水系中断、湿地退化的问题，同时也要满足周围高密度居住区居民日常休闲活动的需求。因此公园中的保护区划分成为必要的手段。在设计中，设计师划定非人为活动区，方便对原生湿地区域进行有效的监测，有利于构建湿地模型，从而进行科学的、可持续性的后续管理。

从承担遗产文化角度讲，公园保留中心原生湿地延续了场地原有的记忆，有助于提升市民对湿地的进一步认知，同时也丰富了场地生境、有助于原生湿地的恢复。

从整体城市水网体系角度来看，设计师将湿地与城市雨洪体系进行有机结合，帮助城市周边消纳多余雨水，有利于水资源的合理再分配，为群力新区创造重要的生态节点。

（十一）秦皇岛北戴河滨海湿地园

1. 场地概况

湿地园地处秦皇岛北戴河区，位于秦皇岛海滨国家森林公园内，占地 35 公顷。公园中的湿地资源为当地自发形成的天然湿地。公园周边紧邻度假村和生态观光园，同时紧邻鸽子窝滩涂区域，是沿海岸线飞行迁徙候鸟的重要栖息地。设计师通过对场地调研分析，决定将湿地园定位为可供城市居民亲近自然、休闲活动的城市湿地公园。

秦皇岛北戴河滨海湿地园是森林公园和滨海度假村的延续，同时与新河相邻，水源条件充足。目前，项目需要解决的主要问题在于人为干扰导致的湿地园无序发展；海水倒灌和盐渍化问题导致场地内部湿地生境退化；以及污水肆意排放导致的水体富营养化现象。同时湿地公园的建设希望能为该鸟类保护区域的生态环境质量提升做出贡献。

2. 案例分析

针对上述问题和公园定位，设计师主要从水系统构建和植被自然演替的角度，对自然湿地生境进行恢复和保护。

（1）水系统构建

针对场地中现有水系不连通的问题，设计师将场地内的现状溪流和池塘进行扩大，开挖沟渠，形成完整的动水体系。同时打通森林公园与场地间的水体联系，将森林公园水源引入场地，促进水体流动，提高净水效果。在东南侧设置水闸，防止海水倒灌。

设计师将场地进行重新梳理，构建一系列湿地植物塘，利用植物构建生态净水体系。首先水体在进入场地前先经过预沉池沉淀；接下来通过构建溪流，增加水体含氧量；进入植物床和植物塘的水体在植物和微生物共同作用下，富营养物质得到转化；水系在分流后充分曝氧，在大水面植物群落中进一步得到净化，最终通过沼泽缓冲区流到新河。其中沼泽缓冲区主要种植耐盐碱植物，作为新河海水倒灌入湿地园的防护屏障。

（2）植被自然演替

项目场地中有许多人工次生林资源，设计中希望场地可以自发发展，维护原有林地的自然生态平衡，因此划分出林地保护区，对场地中部分先锋树种进行保留，在临近马路的边缘补植乔木。场地林地中以乔木层和地被层为主，希望通过种植大量地被花卉促进场地发生自然演替，逐渐形成更加复合而生态的自然群落。在开挖水渠和堆砌小岛所形成的水陆边沿种植湿生植物，例如芦苇、菖蒲等，丰富空间层次，促进湿地生境恢复。

3. 评价

公园中的园路并不丰富，设计的主要出发点还是通过对地形的梳理，水系的联通和植物的配置，达到场地中湿地生境的恢复。水体的空间布置形式和净水结构为湿地公园的水系规划设计提供了思路。同时在植物规划设计上，遵循场地原有先锋树种结构，以调整为主，改造为辅的策略，也在最大程度上遵循了场地的原貌，有利于湿地公园自发发展。

（十二）浙江绍兴镜湖国家城市湿地公园

1. 场地概况

镜湖国家城市湿地公园位于浙江绍兴镜湖新区内，场地所在基址水网密布，北部紧邻绍兴最大的淡水湖——镜湖，区域现状有众多农田、鱼塘，构成湿地网络交错状的农田基底。

基于场地原有景观基底特征，对现状条件进行分析发现：从空间结构上，农田基底的特征导致整个园区湖面面积受到侵占，场地内空间破碎度高，岸线形态呆板短直、驳岸硬化。从生物多样性角度来看，整片的农田、鱼塘导致湿地公园植被类型相对单一，生态格局不完整，缺少可供水禽栖息的多种生境条件。

2. 案例分析

针对上述问题，镜湖国家城市湿地公园以场地原有的农田基底为切入点，以镜湖水文现状作为场地主要的景观资源进行湖泊景观与农田风光的有机融合。

（1）空间分区

整片场地被分为三个区域，北部区域以大湖面营造的湖泊湿地景观为主，南部主要为生物栖息的区域，以沼泽湿地景观和河流湿地景观为主。中部串联南北区域，通过保留原有农田、鱼塘景观，构建农业观光与生态休闲区，承担场地科普教育、寓教于乐的休闲科普展示功能。场地中部穿越新建城市道路，农田的保留构建了绿色消纳区，起到消减城市噪声的功能，同时也有效联系南北区域，起到缓冲过渡的功能。场地中保留大部分村庄，减少拆迁工程，改造为生态农庄等游客活动服务设施，在生态环保的基础上有效促进当地经济，为村民提供就业岗位。

（2）鸟类栖息地营造

结合当地鸟类对栖息生境的需求，构建三种湿生生境：高草湿地型、低草湿地型和浅水植物湿地型。适合涉禽的栖息地以低草湿地型和浅水植物湿地型为主，适合游禽的栖息地以高草湿地型植被为主，这其中也包括位于岛屿周围的深水区域。湿生与中生乔灌木为主的区域适合陆禽、攀禽类生活栖息。

（3）湿地生态系统构建

现状周围存在工业废水和生活污水污染，水体主要以Ⅳ类、Ⅴ类水质为主。设计中，以服务湿地周边村落、城市为出发点，通过统一的污水、雨水管网汇集引入湿地，在湿地中构建生态净水体系，丰富和完善新城湿地的科普展示功能。

规划设计通过大面积改造农田、鱼塘来扩大中心湖面面积。同时增加岸线长度，延长水陆交接面。通过小范围土方填挖将僵直的鱼塘驳岸改造为自然缓坡，营造适宜水禽栖息的季节性水淹区。将原有的石砌驳岸改造成草滩、砾石滩、沙滩、湿生林木滩地等间歇性淹没或地下水饱和的，符合湿地典型性特征的区域。

3. 评价

不同的湿地公园建设有其各自原场地的基底条件，因地制宜的设计是镜湖国家城市湿地公园主要的出发点。从场地的解读中我们发现，这片区域的主要特征是场地北部的天然水库湖面以及南部纵横的水网农田体系。自古以来围湖造田的活动使得现状出现植被类型单一的问题，农业活动产生的面源污染问题。随着城市化建设，居民污水直接排入湖中更加剧了这些环境问题。

针对农业生产带来的问题，设计师将部分临近湖体的农田进行还湖处理，同时也重新塑造了多样的湖滨驳岸。但设计本质上依旧保留原有湖面“荷花”状的形态，呼应地形地貌的历史条件。湿地公园的形态构成也放大了绍兴江南水乡河网密布的特色，加大了水体间的串联，也有助于生物交流迁徙活动的进行。

在文化层面上，湿地公园也应承担相应的历史文化特征，充分发挥绍兴当地特色，例如选取当地乡土植物进行规划设计、保留和借景梅山区域的历史文化遗迹，而不是把其设计成仅仅承担单一生态科普功能的、千篇一律的湿地公园。

第二节　国外研究现状

一、理论研究

在城市化的建设发展过程中，由于盲目开发造成湿地面积减少、水污染加剧、本土物种消失、外来物种入侵以及管理维护等方面问题导致了湿地的面积锐减，湿地生物多样性受到威胁，由于湿地生态系统失衡所带来的环境问题也让人们逐渐意识到保护湿地的重要性。与此同时，一门新兴学科“恢复生态学”也逐渐开展起来。其作为现代应用生态学分支，主要致力于那些在自然灾变和人类活动压力下受到破坏的自然生态系统的恢复与重建，它是最终检验生态学理论的判决性试验。自20世纪80年代以来，伴随着全球化环境问题的思考，湿地学科与恢复生态学学科在理论以及实践上互有交叉，湿地生态恢复也逐渐成为人们关注的重点问题之一。

针对日益严峻的湿地退化问题，各个国家都在积极地采取措施针对湿地的生态恢复。为了扼制湿地面积减少，美国于1977年颁布了第一部专门的湿地保护法规，美国国家委员会、环保局、农业农村部和水域生态系统恢复委员会于1990年和1991年提出了在2010年前恢复受损河流64 hm^2、湿地67 hm^2等的庞大生态恢复计划并为此制定了包括“恢复湿地的生态完整性、恢复它的自然结构、自然功能、设计它的自维持能力、恢复本地物种，避免非本地物种的侵入”等。美国佛罗里达湿地是美国最著名的湿地，也是佛罗里达州最引以为豪的自然景观，一直到20世纪20年代，都还保留着大面积的湿地。其湿地景观丰富多彩，散布着大小不一的浅水湖泊，森林资源丰富，是哺乳动物、鸟类以及两栖类动物的栖息地，在各种基质上均分布着丰富的生物群落。然而当时人们没有意识到其不可估量的生态价值，过度的开发、人口的涌入、管理的疏忽导致湿地干涸、肥料流失、植物死亡、野生生物剧减等问题暴露，人们也开始意识到保护湿地的重要性。为了拯救佛罗里达湿地，1995年，美国开始实施总投资为6.85亿美元的湿地恢复项目，通过60个子项目对其进行湿地生态系统的恢复与重建。现如今，由于科学的管理以及禁猎区的成立，极大程度上保护了佛罗里达湿地的生态环境，我们有理由相信在未来湿地的生态系统会有更良性的发展。

欧洲许多国家对湿地的生态修复研究有着很大的贡献，对于工业革命带来的大气污染、生态系统退化、工业废气地、寒温带的针叶林采伐地等进行了生态恢复研究，并开展了许多的生态恢复的实验。奥地利、法国、德国等国家对于泛滥平原进行修复研究；澳大利亚、非洲部分国家以及地中海沿岸的欧洲部分国家对待湿地恢复的研究重点是土地退化恢复以及人工重建工程；与此同时，加拿大、荷兰、英国、瑞典、丹麦、日本等国家在湿地的生态修复方面取得了不少成就。

例如，日本的霞浦湖湿地恢复计划，应用改进的分散家庭污水处理系统和除磷以及资源回收系统防止富营养化，采用“河流－沟渠”混合净化系统和电化学净化系统有效去除入湖河流的污染物质，采用疏浚底泥方法去除底泥污染，利用有益微生物去除藻类，获得了良好的效果。英国利物浦阿尔培托码头改建工程以及曼彻斯特运河治理工程业给城市湿地环境带来了极大成都的改善，有效地缓解了城市河流以及湿地的水质问题。同样的城市湿地修复改造工程还有巴黎市区的塞纳河大规划，市政府针对塞纳河的水系梳理、堤岸绿色建设、水质改善以及亲水休闲活动进行了修复或重建，母亲河塞纳河不仅承担着提供市民休闲活动场所的功能，也展示了特有的历史文化风貌。

国际上的这些发达国家（诸如美国、瑞士、德国、日本等）把城市湿地的保护、恢复研究作为城市景观规划设计的重要内容之一，不仅仅局限在某条河流、某片湖泊、某块湿地的治理上，而是从生态的角度出发，将水域空间包含在内的所有元素（水体、滩涂、湿地、动植物、硬质驳岸、软质景观等）联系为一个整体，并统一进行研究，力求恢复这些元素之间的内在联系，实行元素与元素之间的串联和相互作用，发挥其自然生产力，使其作为一个整体和谐的发展，最终实现水域系统的生态恢复。

二、实践研究

（一）伦敦湿地公园

伦敦湿地公园（London Wetland Centre）被公认为是英国最好的野生动物园之一，史上第一个选址位于市中心的湿地公园，工期初始于1995年，于2000年正式建成并开放使用，它是城市区域内湿地恢复和保护的一个成功范例，同时也是欧洲市区内观赏野生动物最佳的地点，该公园共占地面积105 hm^2，其内部有内湖、池塘和沼泽等水环境及空间可供游客探索。公园原所在区域曾是伦敦泰晤士供水公司蓄水池，后水库转换成湿地自然保护中心和环境教育中心。公园通过在北边开发建造9 hm^2 的房产，然后从卖房所得中拨出部分资金作为剩下42 hm^2 的土地上建造湿地公园的启动资金。公园填埋土方总计约40万土方与石方，种植各类树木2.7万余株。天然的环境绿化与种类丰富的植物资源对于大量的生物群体有着非比寻常的吸引力，为湿地野生动物创造出一个安恬惬意的生活环境。

据相关统计，伦敦湿地公园每年吸引的鸟类超过170多种，飞蛾、蝴蝶等昆虫类动物更是高达300多种。湿地公园的自然景象不仅仅吸引了无数动植物，同时也给忙碌的伦敦市民提供了休闲游憩的场地，营造出喧嚣之中的宁静，改善了城市的生态平衡。公园坐落于泰晤士河畔巴恩斯湿地，获得过许多奖项，被评为“具特殊科学价值的地点（Site of Special Scientific Interest）”，拥有包括鸬鹚、翠鸟和濒临灭绝的水田鼠在内的许多种类的野生动物。

伦敦湿地公园的规划设计理念有两点，第一是希望为了给各种湿地动植物提供良好的栖息饲养以及繁衍后代的生存条件，第二是在保证不影响野生动物生活和保护湿地环境的前提条件下，让参观者在欣赏风景的同时能够从中汲取更多的相关知识。

根据场地内不同的地质水文以及不同的动植物栖息环境特点，伦敦湿地公园划分了六块不同的区域，其中包括蓄水泻湖，主湖，保护性泻湖，季节性浸水牧草区域，芦苇沼泽地以及泥地区域，虽划分为六块不同的区域，但彼此之间又存在联系。整个规划设计上主要以主湖为中心，其余水域板块镶嵌在陆地之中，形成层次交错的景观，共同营造了一个伦敦湿地公园独有的湿地地貌形态。在水陆交界处，景观设计师采用自然式的驳岸进行过渡，自然亦不突兀；场地区域的构建上，则是巧妙地运用地形设计，只需水位略微的变化，通过特殊的沟渠网络可以将水流引入陆地内，而构成纵横交错的沟渠网络的重要部分是耕地以及丘陵，这样便能在陆地上自然地产生一片小型泥地。这样的地形设计是通过一系列技术手段来达成的；首先通过在场地内原有 5 m 高的混凝土坝上进行加筑工程，借此提高场地最高水位线，同时也是原有水库的水得到了保留；其次保留和扩展堤坝，在部分区域与区域之间构筑泥制材料挡墙，让每个不同作用的区域达到了严格意义上的水域隔绝；最后在从北到南流向的几个水域之间设置手动的操纵杆，使得各个区域都能精确地控制水位高低，能根据不同的季节来限制其水位变化。这种利用不同水文条件以及栖息条件来划分为若干区域的设计，正式伦敦湿地公园设计的亮点，不仅让每个区域具有相对的独立性，同时又具有极强的联系性，看似散落的水体板块实则为一个完整的生态系统。

伦敦湿地公园的规划设计，分析了在这个特有的场地内部平衡人与自然的关系，解决人地矛盾，对场地做了充分的调研，将水体进行了巧妙利用，水流走向做了妥善的处理，且完美地将一个年久失修的废弃水库转变成一个具有休憩娱乐等多功能于一体的城市中心公园。同时对内部的交通规划和人流分布走向做了合理的规划，成功地让人类的活动与自然的状态达到了和谐的平衡，不仅为野生生物提供了一个合适的栖息地，也给游客提供了亲近自然，体验湿地的机会。

（二）法国苏塞公园

1.场地概况

苏塞公园坐落于巴黎北部郊区，东部维勒班特市（Villepinte，主要用地为中产阶级居住区和大型展览中心，南部奥奈苏布瓦市（Aulnay-sous-Bois）以移民公共住房为主，北侧和西侧为展览公园。公园的设计师是法国著名的风景园林大师米歇尔·高哈汝（Michel Corajoud）。

随着当时巴黎城市化建设，许多工业废弃地和郊区农林荒地成为景观设计师亟待解决的问题。高哈汝提出将法国景观文化遗产与该国农村传统相结合的方法，试图将神圣与世俗、法国园林的高贵与富丽堂皇以及乡村土地管理传统融合在一起，促成新的郊野景观类型的产生，苏塞公园便是基于这个理念应运而生的。

公园始建于1980年，在建设之前，这里曾被法国人视为当地最肥沃的一片区域，周围农田密布，水系众多，充满自然风光。场地内包括萨维涅湖（las de Savigny）、苏塞溪（le Sausset）和卢瓦都溪（le Roideau）。该项目最初为填补巴黎北部区域防护林缺失而征集建造，是最早开始探讨城市开放空间与景观处理手段的案例。当时巴黎和许多其他大城市的城市边缘区也在探寻这种能够改善自然环境的新的景观类型。

2. 案例分析

（1）空间分区

公园占地面积200 hm^2，被划分为五个景区：位于山丘的森林景区、紧邻生态展览馆的农业园艺景区、由树篱围合成的林间空地景观，以及靠近住宅、介于城市和公园之间的城市公园景区。第五个区域位于萨维涅盆地陡坡的一面，包括盆地本身、湿地以及进一步更新的森林。湿地的设计基于场地原有泄洪池，设计师希望营建沼泽地景观吸引鸟类，通过开展鸟类观赏活动满足周围居民的游乐、观景需求。

（2）水系统构建

设计师最初联通各个水塘，通过建造堤坝，将沼泽地与其他水面隔离，形成自成一体的系统。在不同水深的土垒栽种喜湿、水生植物增加湿地观赏性。同时利用周围水塘水坝控制湿地系统水位。沼泽地被围栏封闭，禁止游人进入，营造保护鸟类的寂静之地，使得其中的演替几乎是自发进行，不受干扰的。

（3）湿地植物演替

在风景园林师和公园管理者的共同努力下，苏塞公园沼泽地和土垒的植物从原来的27种增加到了61种，其中有两种植物由人工引入，其他43种都是由场地自发演替产生的，原本栽种的植物中有11种逐渐消失，植物自发的演替推翻了原来的群落种植设计。澳洲芦苇被鸢尾和千屈菜所取代，香蒲成为优势种占据大片区域。场地迅速演化的现象主要源于三点：一个是封闭控制的水量导致水体富营养化；动物在一定程度上进食、破坏原有生境导致植被向特定方向演替，一些入侵物种趁机替代原有植被；管理者定期对场地内的杂草进行清理，用物理和化学手段限制植物无线生长填满场地。这一系列措施引发了场地群落在13年间发生巨大变化，但这些变化同样带来了生物与生境的多样性。目前，这里吸引的鸟类已达到116种，达到圣昆廷伊夫林湖沼国家自然保护区（La reserve naturelle de Saint-Quentin en Yvelines）鸟类种类的一半，但后者面积达到了前者的40倍。

3.评价

苏塞公园整体的定位是面向游客居民的休闲郊野公园，其中的湿地沼泽区域建设仅仅作为吸引鸟类和游客的景观手段，并不是典型的湿地恢复案例。但设计师以动态演替的视角从时间维度上考虑植物在场地中的营造，在建设的过程中对这片场地植被进行持续监控、补充。同时，利用围挡的方式阻隔人类活动的干扰，营造纯粹的生态和生物演替场所。这些手段无疑为湿地生境的良好发展提供环境基础，作为当时少有的综合考虑郊野景观与都市相融合的案例，是具有划时代意义的。

这个案例作为仅有2 hm^2占地面积的湿地景观，并不能从宏观角度为当地城市小气候起到决定性的作用，也没有从高哈汝经常提出的自然遗产保护的范畴来进行规划设计。但苏塞公园的诞生，无疑引起了当时公众对湿地景观的重新认知与重视。也为如今湿地公园的建设提供了前沿的思路：将鸟类引入城市观赏；划定不受人为干扰的沼泽演替区域；对植物群落与动物数量进行持续性跟踪、监测等。这种公园建造的新颖方式，向大众展示了人工湿地不再是曾经被公众所厌恶的危险的、不健康的景观，湿地沼泽景观同样可以为城市带来休闲娱乐的机会，承担沟通自然与城市的角色，构筑社会与湿地的新型关系网络。

（三）新加坡双溪布洛湿地公园

双溪布洛湿地公园属于天然湿地保护型城市湿地公园，属于未曾破坏或轻微破坏的天然湿地，在此基础上区划一定的范围，辅以建设不同类型的设施，以开展生态教育以及生态旅游，也称作双溪布洛湿地保护区（sungei buloh wetland reserve）。双溪布洛湿地公中园是位于新加坡西北部的一个重要的自然保护区内，同时这个保护区是新加坡第一个，也是唯一一个受保护的沼泽自然公园，是新加坡首个湿地中心和自然示范基地，占地面积约为87 hm^2。在这个130 hm^2的天然湿地保护型湿地公园中，栖息着500余种热带植物，作为候鸟迁徙东亚的中转站，也被东亚澳大拉西亚涉禽站点网络的收录而获得认可。2003 年时，该保护区被列入东南亚国家联盟（东盟）遗产公园（asean heritage park）。双溪布洛湿地公园总体规划极具创新，把湿地保护区从一个自然公园变为仍保留淳朴气息的教育示范研究基地。

双溪布洛保护区地势较低，同时存在海水、成水和淡水三种，红树林资源丰富。依托于此，在沿海区域设置克兰芝小径以供游人观赏游憩；在红树林区域设置生态浮桥、休闲步道等来穿过其中，在步道设置的同时注意不破坏红树林原有生长环境，在最大化保护红树林资源的同时也提供访客娱乐、科普的场地。保护区内鸟类是一大亮点，共记录到 212 种候鸟和留鸟，其中不乏濒危物种。

该项目规划旨在将双溪布洛湿地公园定位为国际性自然保护地，同时仍然能够满足当地新加坡人的休闲娱乐需要。总体规划之中定义了一个空间战略，以保护场地内部的核心区域。一个拥有可持续性设计特征的活动路径被设计，分布其间的互动、教育性的站点设置能够在保护场地环境的敏感性、自然特征的同时，让当地群众体会这种卓越的自然环境。除此之外，该总体规划能够超越场地本身，在双溪布洛区域之外的更大范围之内定义自然网络的未来发展可能性。

（四）印度凯奥拉德奥国家公园

1. 场地概况

凯奥拉德奥国家公园（Keoladeo National Park）位于印度（India）拉贾斯坦邦（Raj asthan）泊勒德布尔（Bharatpur），是印度重要的国家公园之一，同时也是世界文化遗产。这里曾是印度王公狩猎野鸭的场所，如今被评定为重要的鸟类栖息地、国际重要湿地，是阿富汗、土库曼斯坦、中国和西伯利亚地区迁徙水鸟的重要越冬地。这个著名的鸟类保护区有近千只鸟类，并且在公园中已经发现并记载了 364 种鸟类。

公园占地面积约 2873 hm^2，其中约 1100 hm^2 被沼泽覆盖，其余被灌木以及草地覆盖。公园内部有一个内河湿地，每年 7 月至 9 月受季风影响会产生季节性水位变化，平均水深 1 ～ 2 m。10 至来年 1 月是候鸟迁徙的时间，也是最佳的观鸟季节。公园水位在此时开始下降，2 月至 6 月场地水分因蒸发大量减少。

近几年，凯奥拉德奥国家公园内的湿地正面临水资源短缺、生物多样性不断变化、污染率不断上升、外来入侵植被无节制生长、人为干扰等诸多问题。随着 20 世纪 80 年代后期集约农业引入公园，农业活动需水量大，园内用于维持湿地生态系统的水量逐渐减少。化肥排入上游水体导致水质恶化，甚至造成鸟类中毒死亡。一系列的问题使得凯奥拉德奥公园内湿地出现退化现象，生物多样性遭到重创。

2. 案例分析

（1）水系统构建

受季节性降雨影响，公园内部水源在旱季难以自给自足，北部河流上游的季节性洪水导致公园每年被淹没。因此设计借助人工手段，从公园南部的季节性水库——发源于阿江外滩的加纳运河引水。在部分由人工沟渠分割的10块土地中铺设水闸以控制水位，通过借助当地人工水库补充和恢复水鸟栖息地环境。

（2）水禽栖息地构建

野生的双穗雀稗作为园内优势种，大量消耗开放水体中的氧气，导致水体中鱼类和漂浮植物生长受到制约，尤其以睡莲属和蒲菜属漂浮植物受影响最严重。植被鳞茎、块茎和根的生长受到限制，以它们为食的鸟类诸如西伯利亚鹤的栖息地环境因此也发生改变。同时大量雀稗的生长也增加了草原火灾的风险。

有学者研究指出造成湿地生态系统健康状况不佳的主要因素，认为公园中水资源利用分布不平衡与生物入侵这两点是导致湿地退化的主要原因。并且根据对现状湿地生物与生境的模型分析与检测，得出以下设计策略。

①加强“阿江外滩”的供水，利用非生物手段创造开放水面，为西伯利亚鹤等水禽提供适宜的栖息地。

②优化土地利用结构，广泛分布好的生物量，定期清除不良的生物量。

③种植耗水量少，但热值高的物种。

④通过实施志愿者和与援助有关的方案，使当地和国际社会团结起来。

⑤通过生态旅游庆祝土著文化和传统生态知识。

⑥通过创造就业机会和其他服务为当地社区带来经济收益的来源。

目前通过在周边村庄开展生态普及活动，公园内的牲畜放牧量已降至最低，当地社区也参与了资源保护，包括清除外来入侵物种。公园吸引了许多游客，这些游客被来自周围村庄的训练有素的当地导游带去乘人力车观鸟，不仅增加了生计，而且也减少了噪声污染。

3. 评价

凯奥拉德奥国家公园位于拍勒德布尔，这里被视为新德里首都地区（NCR）的一部分，类似于卫星城的存在。从卫星图上看，公园面积近似于城市建成区面积，虽然名为国家公园，但公园中的湿地面积占比近似于整个公园的一半。

以湿地资源作为本底，承担鸟类栖息地保护、生态旅游观鸟等功能，使得本案例基于水禽的生物量分析和鸟类栖息地营建对三明生态新城湿地公园的建设有很大借鉴意义。

本案例通过大量的数据和模型总结出鸟类栖息地保护的决定性因素——有害生物量和人均可利用水量。去除有害生物量以及保证场地足够水源的重要性，启发我们在湿地水禽栖息地的营造中，应敏感洞察湿地的本底条件，合理分配环境中的水资源，合理营造湿地植被，创建适宜鸟类栖息的丰富湿地生境。

（五）美国奥兰多伊斯特里湿地公园

美国奥兰多伊斯特里湿地公园位于佛罗里达州奥兰多市，基地原址为工业区，工业废水废渣排放严重，造成了严重的污染。因此政府决定建造一个人工湿地系统，旨在能够对工业废水的排放进行控制，同时净化水污染，同时也能为野生动植物提供生存空间，为广大市民提供户外休闲、教育场所。

湿地公园建成后共有 486 hm^2 水面面积，每天能够处理约 3500 万 gal 的废水，处理废水中存在的磷和氮，处理后排放位于佛罗里达州中部的圣约翰河。该项目在承担净化污水、达标排放等功能的同时，还营造了湿地生境的氛围，吸引了一大批动植物在此建立栖息地，给众多生物提供了生长、活动、繁殖、迁徙的空间，同时也为周边市民提供了公共交流、休闲、科普的场地。

在公园的规划设计层面上，该湿地公园共分为 17 个湿地单元，通过 23 个水控制装置系统进行水流方式的调节以及水流深度的控制，并划分有深沼泽群落、混合沼泽群落和阔叶树沼泽群落三个植物群落。工厂排出的污水废水，并不能直接流入圣约翰河，而且是在湿地公园特有的净化功能下进行净化处理，污水废水流经湿地公园，经过深沼泽湿地、混合性沼泽湿地、潮湿性草原地区、硬木沼泽，在不同的湿地中由香蒲、芦苇等湿地植物的净化，约 40 天的循环过滤后，污水废水中的 N & P 可去除半数以上。处理后的水可为湿地公园提供水源上的需求，最终汇入圣约翰河。

在满足生态修复效用的同时，奥兰多伊斯特里湿地公园也在休闲游憩、科普教育等方面提供场地。公园内包含丰富的动植物资源，并依托于此设置观鸟通道、植物学习基地等提供科普教育功能。与此同时，奥兰多伊斯特里湿地公园还将公园本身作为一个公共平台，印制属于自己的文化产品，出版鼓励性刊物以呼吁大众参与到湿地保护的运动中来。

第四章 现代湿地公园的生态修复

近年来我国城镇化发展速度很快，但也引起了环境污染、生态结构失衡以及资源枯竭等问题，城市生态修复逐步得到了社会各界的广泛关注。而城市湿地公园建设可以获得显著的生态效益，是维持城市生态系统平衡的主要手段之一，这要求我们提高重视程度，在城市湿地公园生态修复上作出科学合理的设计，最终营造人与自然和谐共生的城市环境。本章分为生态修复概念辨析、湿地公园生态修复原则、湿地公园生态修复目标、湿地公园生态修复手段四部分。主要内容包括：生态修复与生态恢复、生态修复与生态重建、生态修复与恢复原状等方面。

第一节 生态修复概念辨析

一、生态修复与生态恢复

生态恢复是一种恢复性措施，主要指的是以将被破坏的生态环境的化学物理等功能特性恢复至历史状态为目的的必要合理措施。生态恢复这一措施关注的焦点是已经遭到人为破坏的生态环境，其目标为通过采取合理的措施使已经遭到破坏的生态环境恢复到原有的状态，至于该原有状态的继续存在是否合理则在所不问。生态恢复过于关注生态环境的历史状态，而未能与当前的实际情况相结合制定出合理的政策。生态修复是指修复责任主体通过人为作用对遭受侵害的生态环境进行补救的行为。与生态恢复相比生态修复关注的问题更加全面，更多的是要求在人类对遭受破坏的生态环境进行改造和重建的过程中使其逐步改善，而非仅仅是恢复到历史原有状态。

生态修复与生态恢复二者的手段和期限等都不相同，生态修复中人类会更大程度地发挥主观能动性，由专门机构制定相关规划方案并经有关机关批准后实施，这种主要以人为方式进行的生态修复大大缩短了生态环境恢复的时间；生态恢复则主要是依赖生态环境自身的调控能力使其达到稳定的状态，在生态恢复的过程中减少了人为因素的影响，但是通常所需的时间较长。实质上，生态修复与生态恢复都是对遭受破坏的生态环境进行的补救，目标均是使生态环境恢复良性循环，进而达到生态平衡。

二、生态修复与生态重建

生态重建是指对被破坏的生态环境进行重新组建，这包括再次创造原有的生态环境以及创造构建新的生态环境两种情况。生态重建是在对生态环境退化进行诊断与健康评估的基础上，结合自然法则做出决策，并运用适当的技术手段对生态环境进行调整、配置和优化，实现生态环境的良性循环，进而实现人与自然的和谐发展。生态修复是在发挥人的主观能动性的基础上对生态环境进行的修复和补救，而生态重建也正是在人们对生态环境进行诊断评估后做出的合理地调整和优化，从某种意义上说，生态重建是进行生态修复的一个阶段。生态修复的含义是包括生态恢复和生态重建的，生态修复与生态重建有着相同之处，也有很多区别。生态修复与生态重建在本质上具有一致性，二者都是为了优化生态环境减少环境污染等生态问题造成的损害，因此二者并不是对立的。但是也要看到生态修复与生态重建相比具有更广泛的内涵，生态重建只是对生态环境的原有状态进行重建或者是构建一个全新的生态环境，其所涉及的方面有限，生态修复是结合生态环境的整体状况进行科学规划后通过人为参与采取一系列的措施，修复后的生态环境较之现有状态和历史状态都会更加进步和优化。

三、生态修复与恢复原状

恢复原状是民法上的责任承担方式，是指将平等主体之间的人身财产关系恢复到物理上的原有状态，其本质是对某种权利的恢复。我国有学者认为，恢复原状是侵权责任人对因侵权行为受到损害的受害人的财产权利进行的恢复。生态修复与恢复原状都有使某种状态恢复的功能，适用范围也有一部分重合之处，但是二者之间仍旧存在很大的差别。从适用的对象而言，恢复原状针对的是受到侵害的人身财产权利等私权，保护的法益是人身权财产权等私权；生态修复适用对象除此之外还包括物的生态环境功能和要素，所保护的法益是生态利益。从适用的标准而言，恢复原状要求将权利恢复到受到侵害之前的状态；生态修复则是要求通过相关政策方案的落实达到生态环境功能的恢复，与恢复原状不同的是生态环境的原有状态无从考证，被破坏后的生态环境原有的某些价值也有可能会发生无法逆转的灭失，在此情况下，生态修复不可能实现对原有生态环境的完全恢复，甚至需要进行进一步的优化改造来满足经济发展的需要。从适用前提而言，恢复原状的前提是具有恢复原状的必要性、可能性以及合理性，同时还要考虑权利人的主观意愿；生态修复一般只考虑是否存在损害行为和损害后果，对于实际可行性则在后期制定方案时予以考虑。

生态修复与生态恢复、生态重建以及恢复原状等都是生态损害的救济措施，有着一些类似之处，但是，生态修复相对而言所涵盖的内容更加广泛，在生态修复的过程中除了要依靠生态环境自身的调控能力外，还要充分发挥人的主观能动性制订切实可行的方案，从而实现生态环境的优化。

就生态修复的法律定义而言，生态修复是与生态恢复、生态重建和恢复原状等相关概念有所区别的，并且它所保护的法益是生态利益，这是与其他概念不同的。在生态学领域，有人认为生态修复是对生态恢复的加速，还有人认为生态修复是对土地生产力等因素的恢复。在法学领域也有很多观点：胡振琪等认为，生态修复包含自然修复和人工修复两个方面，其中自然修复以自然力量为主，人工修复则主要是通过人类活动实现修复目的；吴鹏认为生态修复是以人工力量为主导，由生态环境的破坏方对环境本身进行修复的行为，同时还要赔偿因该行为受到侵犯的环境权益；康京涛认为生态修复是利用技术手段使受损的生态环境恢复到原有状态的过程。人们对生态修复的概念进行界定时侧重点各有不同，我们必须认识到法学中的生态修复不同于普通的环境科学中的修复，法学上生态修复针对的是可以修复的生态损害，不可修复的生态损害由于无法通过调整人的行为达到修复的目的则并不包含在内。另外，法学意义上的生态修复无法涵盖利用生态环境自我恢复能力进行的生态修复，法律只能调整约束人的行为。

第二节　湿地公园生态修复原则

一、保护原则

保护原则城市湿地公园生态修复建设的首要原则，是长远发展湿地公园建设的指导思想根本。在对待城市湿地公园的保护原则上应该有针对性，针对稀缺资源的保护力度应该加大，譬如城市湿地公园内存在濒危物种或国家级保护动植物，应将其保护工作应该放入优先级，在建设之前就对其保护做出解决方案。同时也须具备可行性，需要在开发建设成公园的同时最大化地保留湿地风貌。具体的保护内容如下。

①保护湿地生物多样性：在避免破坏的前提下，提供湿地生物最大的生存空间，避免因建设造成原有生物生活场所发生改变，将人为活动对原有生物的生境影响降到最低，在统筹规划阶段应有明确界限的划分，防止外来物种侵害。

②保护湿地生态系统完整性：生态系统不是一个既定范围内的划分，而是不规则地延伸以及交接，在建设过程中切忌分隔城市湿地与周边环境的连续性，避免大量的人工设施破坏原有湿地肌理，保持城市湿地与周边的环境形成一个弹性边界，二者成为能够相互进行信息交换的整体，保证湿地生物的栖息、迁徙、避难场所的畅通。

③保持湿地资源稳定性：在建设初期即做好规划，保证湿地水、土壤、小气候、动植物、矿物等资源平衡与稳定。

二、经济原则

采用经济原则把控整个建设过程，经济原则并非“省钱”，而是将钱合理地分配在各个环节。例如，体现在材料的使用上，建设基础设施时，可采用轻型材料或就地取材，此类原生材料即体现野趣，色调也和谐统一，自然清新；在进行地形设计时，进行场地内部的土方平衡等。

三、协调性原则

城市湿地公园的协调性体现在风格上，应该满足本土文化特征、湿地自身风貌特征等，具体体现在以下几点。

①体现湿地风貌，营造野趣生境，湿地作为城市湿地公园的内核，在城市湿地的建设过程中，应满足湿地应有的风貌特征。

②城市湿地公园的风格与城市地域文化特征相协调，体现不同的人文特征和地域文化。

③湿地公园内部采用的原材料应当与湿地本身协调统一，无论从保护性上、功能上、材质上、色彩上都应相互协调，从生态修复角度出发的原生材料亦迎合了湿地本身的风貌特征。

④城市湿地公园的管理服务建设达到匹配，相对应的管理办公地点或服务站规模、数量、位置应随着城市湿地公园的规划设计而匹配协调。

四、安全性原则

在进行生态修复设计时，应充分考虑到安全性原则，处理好湿地的边缘地带，合理地设计安全台阶、安全护栏、坡度限制、残疾人通道等。了解区域内部气候、地形地貌、水文、风向、季节性降雨等特征，把控安全隔离区域，对有危险区域应当注明警示标语，例如，水较深的区域或季节性暴雨涨潮渔区应当基于警告标识牌，同时制造安全阶梯或安全护栏，隔离出安全距离，有效地保障游人安全。同时也针对湿地动植物提出安全性原则，对待植物繁衍栖息地提供保护区域，防止游人伤害湿地动植物，适当隔离距离，是人与动物和谐相处的基本条件。

五、合理利用原则

合理利用原则包括了城市湿地公园生态修复建设的各个元素，通过规划设计手段来引导湿地资源的效应多元化发展，联动湿地整体资源，在合理利用的前提下开发并保护。包含以下几点。

一是合理地利用湿地的水资源、动物资源、植物资源、矿物资源以及气候资源开发适宜人类交流、游憩、活动的空间，合理地通过设计手段建造各类设施，完成人与自然的交互体验。

二是合理地利用湿地动植物的经济价值和观赏价值营造美学空间感，通过植物规划、植物配置设计来完成。

三是合理利用湿地文化本身开展科普教育活动或搭建科学教育研究平台等，通过构建宣教展示中心、湿地图书馆、体验式行为活动等来达成。

第三节 湿地公园生态修复目标

根据文献调研分析整理以及湿地案例调研的归纳总结，遵循相关建设的法律法规，得出湿地公园的生态修复设计目标，具体如下。

一是通过湿地公园的规划设计手段，保护湿地生态系统的完整性，保护湿地资源的可持续性，透过具体的设计手段去引导、激发湿地本身的生产力，促使湿地生态系统自行演替、更新、发展。

二是改善湿地生物的发展条件，研究湿地生物生活所需的生境条件，针对不同物种的湿地生物物种生活习性制定不同的针对性方案，通过具体的设计手段为其创造生存、栖息、繁衍和活动的空间。

三是在最大程度保证湿地不被破坏的前提下为人提供休闲娱乐以及科普教育场所，传播湿地文化，通过具体的设计手段营造不同功能性质的场地，合理地规避因人为的破坏而导致的湿地生态系统损坏。

湿地公园生态修复设计的总目标在修复受损的湿地生境，并通过合理的设计与管理措施减少城市发展与人类活动对湿地生境带来的影响。在修复手段上，一方面修复过程强调尽可能地利用湿地系统的自我修复能力，减少建设工程中对湿地生态的二次破坏；另一方面加以人工的辅助，采用现代的工程技术手段，通过对水系的合理划分、调整原有堤岸、营造湿地动植物的栖息幻境，引导湿地原有的自然恢复能力，使得湿地土壤状况、生物多样性以及湿地水环境得到改善与提高。

第四节 湿地公园生态修复手段

一、修复水系统

水系统的规划设计使以城市湿地公园中的水系作为对象，综合考虑场地自然条件、水系现状以及湿地公园总体规划等条件，通过对地形的改造设计、水系的布局、水质量的保障措施以及驳岸设计来完成的，是保证城市湿地公园达成良好生态修复效果的基础之一，分为以下四点进行展开。

（一）地形改造设计

1. 基底的改造

在开展设计工作之前，需先对拟建设的城市湿地公园基地范围内水文特征、地形地貌、土壤状况、原有生物资源进行详细的调查搜集数据，经过分析对比后，在充足的前期分析研究后结合湿地的特点进行地形的改造设计。在进行地形改造之前，应充分考虑湿地的基底环境，即湿地动植物的生长和立足场所，根据基底本体不同的属性类型，主要分为以下三点进行探讨。

（1）陆地区域类型

陆地区域常见类型包括丘陵、缓坡、平原地等，在进行设计过程中以顺其自然为主，地形的堆砌以及改造坡度不宜过大，一般不大于土壤的自然安息角即可。场地内部的地形改造产生的土方可“自产自销”，挖填方在场地内部互补，即减少了经济成本，也使公园内部色调和谐统一。

（2）湿地区域类型

湿地区域地势多较为平坦，或为低洼，高差较小容易积水，根据其基底特有情况，并结合城市湿地公园所在地的降雨量，不同的降雨量导致不同的常水位，故根据降雨量的不同可将基底类型分为短暂性水淹基底、季节性水淹基底、半永久水淹基底以及永久性水淹基底。针对永久性水淹基底，可通过坡面整地、堆土作垄、侧引沟渠等手段来进行排水，改善水生植物生长的立地条件；相反，对于短暂性水淹基底，则可泥筑加高、堆石砌土等手段增加保留水量，同时达到滋养水生植物的效果。湿地基底的形态多种多样，常见的形态为“锅底式”，在我们的设计中，需要将“锅底式”这种单一的水下空间模式调整变换为多变的“凹凸式”，复杂的基底环境以及变换的高差水位更加有利于湿地水生植物的生长，同时也更利于湿地动物的栖息地构筑。与此同时，基底的改造设计还需考虑到水生植物的生长条件限制，在保证有氧的条件下是否根系长度能够到达最大水深，从而达到最好的处理效果以及较长时间的接触。通过设计手段完善基底形态，使其更有利于动植物生长。

（3）水陆过渡区域类型

水陆过渡空间的地形设计应依照原有的湿地水岸进行修正或完善，增加原有水岸线的自然弯曲，使其增长了水岸线长度，可设计增加生态岛、滩涂、沙洲等地貌，适当增加浅滩，旨在营造湿地植物的生长空间和动物的栖息地，也塑造了多样性的湿地空间形态。

2. 竖向设计

竖向设计是针对场地地形改造的一种具体设计手法，能够改善生物系统地分布格局，也能营造良好的游憩空间。在湿地环境中有岛屿、曲流、浅滩、沙洲、汀洲等交替分布，多种多样的地形能够为植物以及生物的繁衍创造了有利的生存条件，同时亦可有效的削弱洪水、降低流速、蓄水涵水。

地形的设计在整个湿地公园规划设计的大尺度上来看，是保证能够为城市湿地公园建立一个有自然生产力的基底，是湿地生态系统的长久发展的基础；在各个专项设计的小尺度上是为动物栖息空间、植物生长空间以及游人活动空间提供了可能性，使湿地生态系统的生态修复效果更具效果，是湿地生态系统良性发展的前提。

（二）水系规划

水系是水系规划的主要对象，将水系的建设过程中相关的自然条件、供水、防洪排涝等规划要求考虑在内，确定水系规划目标，统筹规划水系布局、水质保障，是在整合水系的同时，进行自来水补给、水系循环等的设计，水系规划过程中必须注重生物多样化、湿地种类多样性、水资源充足、完善的水质保障措施、合理的驳岸设计五大要点。

1. 水循环规划

水质可通过水系的循环流动得到有效改善。水体流动过程中税种的溶解氧可随之提高，确保有机物消耗过程中水体不会发黑变臭；在改造及连通水体时，景观生态斑块间可更好地进行相连，为生物多样性的丰富奠定基础。反之，物种多样性更为丰富，生态系统也会相应地提升自我调控力，使得生态系统更为稳定。为确保可定期更换湿地公园的水体以及将防洪排涝功能全面地发挥出来，公园水系应采取人工调控的方式连接周边的水系。在设置进水口与出水口时，应当使其可独立控制公园水体水位，且具备的功能还包含汛期的蓄洪以及枯水期的供水；基于当前的水系基础之上构建水循环自净系统。在湿地公园已系统化的基础之上，通过人工设施与原有的地形相互结合，进行水位标高以及水流走向的合理组织设计，从而想成内部循环的水系系统。而面对气候干燥的城市，应制定科学的人工湿地循环系统建设方案，确保系统的正常运作。可结合实际的状况制定科学的补水方案，也可利用市政中水管道或者周边河流进行补水。

2. 水系环境多样性规划

湿地公园的生态群落应当是丰富多样的，生态系统应当是复杂完善的，才可使得其的水体自净能力、水质的稳定性得到有效提升，从而确保湿地公园水质可始终处于良好水平。异质空间的规划应当集合湿地生物的实际生长与繁衍需求而进行。

水系环境多样性主要包含水体类型以及水岸地貌两种多样性特征。

（1）水体类型

因为湿地生物类型不同，对水环境的生态需求也会存在相应的不同，应结合湿地生物的实际生长需求创设良好的水系环境。湿地公园的生态环境规划应优先考虑河流、湖泊、瀑布等自然水体类型，规划多种水体、创设丰富的湿地环境，使得各种生物可更好地生存。各类型水体既要独立存在又应有关联性。池塘的水位可通过人工进行调控，可利用带状自然水体实现各池塘的联通。

（2）水岸地貌

水系水岸是主要的生物多样性分布位置。应结合原先的湿地水岸来改造，使得岸线的弯曲更为自然；滩涂、岛等自然地貌的规划，延伸水岸长度，拓宽浅滩面积，从而加大生物的生存范围。

3. 降雨径流管理

非点源污染敏感区是水系规划首要考虑的保护点，有规划地添加景观斑块于湿地公园水体周边，根据 BMPs 设施构建景观缓冲带，从水体外截挡污染物。湿地公园应将所有径流污染控制技术整合在一起，发挥各技术的优势，由此使得污染控制与景观多样化两个需求都可得到满足。在人工湖周边构建景观滞洪区，或者把洼地当作处理暴雨径流的设施，连接雨水的收集及运输系统，使得所有径流都可根据规划路线渗透、过滤，最终在滞洪区集合进行集中净化处理，避免人工湖富营养化。降雨径流的收集与运输主要是利用道路系统与自然地形完成。最后在人工湿地将收集的雨水进行集中处理。

（三）水质维持设计

水体可以说是湿地的血液，是构建生物系统长久发展的基础，因此水体的水质保障至关重要。由于不同的湿地生物对水环境的要求各有差异，规划设计时，应调查清楚水环境的适宜度。不同的池塘水位通过堤、坝、涵闸、泵站等设施分开控制，池塘之间通过河道、溪流等线形水体相互贯通，尽可能构成循环流动的活的系，这样对水质保持起着积极作用。根据《中华人民共和国地表水环境质量标准（GB282—2002）》，在湿地水环境的营造中，pH、COD（化学需氧量）值等作为水质的监测指标。在具体的设计层面，可以通过以下几种手段来进行水循环规划。

1. 设立水源控制阀

在湿地公园进出水口设立阀门，使之成为一个人工可控的控制装置，并协调公园内外的水系分布，使之相互联通，这样技能保证了水位的控制，又能保证水体的定期更换，同时能够应对季节性变化带来的影响。当季节性缺水时，湿地能够起到蓄水池的作用，保证了湿地生态系统所需水环境；在季节性汛期时，湿地又能及时泄洪，起到防洪排涝的功能。也在湿地的水域与水域之间设立小型水闸，例如香港湿地公园的小水闸既能够满足调节水位的需求，其轻巧的设计又带了美感。

2. 竖向设计

利用地形设计带来的高差变化，顺应场地内自然起伏的地形变化，辅以人工动力设施，在公园的内部形成一个水循环系统，同时也提升了公园内部水系的自净化能力。例如北京奥林匹克湿地公园的层级叠水，通过人工的竖向设计手段，将自然水从高到低层级净化，最终排入表流湿地并进一步净化；同样的，成都活水公园也采用了层级净化的模式，通过竖向设计将府南河的水引入公园内，在公园内部形成水净化措施。

3. 设置截污措施

在入水口、濒危动物栖息地或饮水场所、重要植物生长场所、游人亲水活动场地等，可设置截污过滤网，配合水质良好的补水源进行补充，能够从源头上控制污染，保证良好的水质。

4. 水生动植物净化

通过水生动植物的净化措施来进一步净化水质。在水生植物方面，可使用狐尾藻、梅花藻、马来眼子菜、黑藻、旱伞草等进行不同层次地种植；在水生动物方面，可合理搭配放养盘肠溞属、三角帆、斑节对虾等水生品种来维持水质良好。

（四）生态驳岸设计

驳岸本身是保护河岸的构筑物，在园林工程中的定义为：建于水体边缘和陆地交界处，用工程手段加工而使其稳固，以免遭受各种自然因素和人为因素的破坏，保护风景园林中水体的设施。驳岸的生态设计涉及的内容十分广泛，国内外有亦有许多研究成果，大致将驳岸分为自然驳岸和人工驳岸，自然驳岸可划分为缓坡型驳岸以及砌块型驳岸；人工驳岸又可划分为垂直驳岸、缓坡驳岸、阶梯驳岸、带平台的驳岸以及复合型驳岸，原则上来说，在城市湿地公园中，通过驳岸的设计来达成生态修复的效果，应首选生态驳岸的处理方式，减少或不用传统的混凝土以及砖石块结构，即尽量避免驳岸硬质化，其最主要原因在于硬质驳岸易破坏湿地本身带来的渗透、过滤、净化、养育等功能。在此只针对城市湿地公园中的驳岸生态设计进行研究，结合国内外研究成果以及不同案例的对比分析，并结合城市湿地公园的驳岸特点，将其大致分为四种类型，并针对进行设计分析。在实际的工程操作中，还需根据当地水陆情况、区域内的地质条件等进行综合考量后实施。

1. 自然缓坡型驳岸

自然缓坡型驳岸指在一定水域范围内自身的坡度较缓，可采用保留场地原有自然驳岸形态的设计。可于近水区域种植水杉、柳树、菖蒲、芦苇等喜湿植物，此类植物根系发达，起到稳固驳岸的作用，同时茎叶茂盛，亦可抵御洪水，减缓水流冲击力。自然缓坡型驳岸主要分布在陆地面积较大且并且植被覆盖率较高，同时岸线较为曲折且水流较缓慢的水陆区域，也是城市湿地公园驳岸设计中最大面积的驳岸设计手段，能够较高地还原并保留湿地生境，并且没有人为的过度干预。

2. 有机材料型驳岸

有机材料型驳岸指在一定水域范围内自身坡度较大，或该区域范围内水流较湍急，河岸受冲蚀较为严重的情况下，采用生态工程手段对驳岸底部进行有机材料的填充或支撑的设计。例如可采用木桩、草袋、植物的枝条、竹质围篱、竹质篓并装配石块，泥制、浆制的堆砌物进行底部的加固，同时在驳岸上部设计堆筑一定坡度的土堤提供水流的缓冲空间，并逐步向后层次搭配种植草、灌、乔木，利用植物根系加固驳岸，同时起到防洪防蚀，固堤护岸的效果。

3. 台阶型驳岸

台阶型驳岸指在一定水域范围内因季节性因素导致水位落差较大需要有一定的缓冲功能，或是提供参观者亲水活动场地时，采用的驳岸设计。根据场地性质不同，可分为软质的台阶型驳岸和硬质的台阶型驳岸。软质的台阶型驳岸可以是泥制台阶或是草阶，可采用有机材料进行支撑和构筑：硬质的台阶型驳岸可以是石制的台阶，应尽量避免金属材质或是影响水质的化学成分材料，当活动场地所承载人数需求过大时，可考虑采用混凝土材料。应注意的是，在台阶型驳岸设计过程中，应充分考量区域内降雨量、场地内常水位以及安全因素，最底层的台阶满足最低水位需求，而顶层的台阶满足极端气候下的最高水位。与此同时，根据该区域驳岸的游客承载量和活动热度，需考虑进行围栏的设计以及警示牌的设计，围栏的设计采用坚硬的韧性强的材料，例如竹、藤条等，警示牌树立位置应醒目并具备强烈指示性。

4. 硬质型驳岸

硬质型驳岸指在一定水域范围内陆地与水面高差较大，且坡度较陡，同时水流湍急，使用浆砌石块或人工浇筑混凝土以加强稳定性能和抗洪性能的驳岸设计手段。硬质型驳岸能够很好地稳定加固河岸，满足极端天气条件下的水流以及水位需求，并保证了参观者的安全；不足之处在于硬质驳岸的人工手段分割了陆地与水域之间的联系，阻断了水陆之间的生态交流，同时也占据了两栖动物及植物的生存空间，并不能起到良好的生态修复效果，在城市湿地公园中可在人群活动热度高的驳岸采用。

水系统的规划对于城市湿地公园发挥生态修复效用至关重要，是保障湿地生态系统健康发展的前提，也是其作为保护与观光结合的公园形态长久发展的根本。在水系的梳理、水质的控制以及驳岸的设计过程中应充分考虑场地水文条件、基底条件、场地内与场地外的联系、干扰因素以及发展趋势，用设计的手段去引导城市湿地公园的生态修复发挥作用。

二、修复植物生态

（一）植物生态规划

湿地植物是城市湿地公园保持生态力的基础，通过种植设计的手段来恢复原有的湿地生态系统环境是建设城市湿地公园的目的之一，同时植物所发挥的生态效应也是保证湿地系统生态修复的根本。针对湿地植物生态恢复设计，1994—2014 年美国俄亥俄州大学、美国环境保护行政机构组织在俄亥俄州进行了一项全生态、长期的湿地自我实验设计，研究被创建的和被恢复的湿地在其生态系统功能方面对引入物种多样性的长期影响，研究表明，经过较长时间（6年）演变，栽植了大量大型植物的湿地比没有植物覆盖的湿地在生物多样性上具有明显优势，湿地引进大型植物可以加强生态系统的生物多样性。国内湿地生态专家成玉宁教授认为：湿地植被的种植要求需首先满足地带性，其次具备较强的耐污能力，并具备经济性和观赏价值。基于此，在湿地植物群落的生态保护和修复设计上，需要遵循三点原则。

①在湿地植物的物种选择上，应采取保留原有湿地范围内或一定辐射范围内的优势物种优先级的策略，这些优势种是长期群落演替以及物种竞争所筛选

遗留下的物种，不仅具有其特有的地带性特征，同时还有较强的耐污、清洁、演替的能力，有较良好的生态修复效果。同时并通过合理的乔灌草搭配，营造优美的湿地景观。

②适当引入外来物种，使整个湿地的生态环境更具整体性，也保证了湿地生态的多样性发展。但还需注意的是，外来物种的选择应十分谨慎，在充分了解原有湿地植物生长习性以及生长环境的前提下进行外来物种的引进，起到与本地优势物种共同构成完整植物群落的辅助作用，而非成为主体，限制本地物种生长，例如水生漂浮植物凤眼莲，其繁殖速度极快，适应性极强，易竞争当地物种生存空间，导致不可逆的生态灾害。

③考虑湿地植物对于湿地基底带来的净化功能，在植物的品种选择上，可采用水生植物合理搭配来达到拦污、净化的效果。应注意的是，部分水生植物适应能力强，生长周期短，在选择时应充分预期其生长速度以及生长所需空间，合理适当地搭配，在栽植过程中除了就地栽植之外，还可以根据植物需水要求放置不同高度不同层次的种植池，在控制水生植物的蔓延的同时也维持了自身的景观稳定。

在设计层面，对于不同的分类原则，有着不同的设计策略，可从以下五个方面进行展开。

①基底条件：不同的基底条件有着不同的植物群落特征，亦有着不同的植物种植设计手段。例如，原有基底为湖泊型的城市湿地公园，如绍兴镜湖湿地公园，其基底为湖泊，以选取本地优势种为骨干，适当引进物种进行搭配；原有基底为农田型的城市湿地公园，如西溪湿地公园，其基底为农田，则以农田植物为基底进行配置设计；原有基底为工业遗址等湿地公园，如上海后滩湿地公园，则围绕适应性较强、生长量较大的物种进行配置。

②功能分区：针对功能分区的主体进行植物配置设计，例如，西安浐灞湿地公园，共设有展示游赏区、生态保育恢复区、农渔体验区等五个分区，根据不同的分区协同不同的植物配置，生态保育区以物种恢复为主，故采用本土植物群落保护手段，只做了小规模的分隔，基本随其自然生长，在兼具生态修复作用的同时突出其“野趣”效果；农渔体验区以体验为主，游客访问量较大，植物搭配色彩丰富，采用符合主题的植物进行配置，例如荷花、垂柳、杨花等。

④栖息地生境：根据湿地生物包括鸟类、水禽类、两栖类等对于栖息地生境的要求，利用湿地本身的湖面、水岸线、滩涂、浮岛等展开设计，营造多种多样的生境，吸引更多的湿地生物建立栖息地。在设计时也充分考虑植物郁闭度对湿地生物的影响，有疏有密，提供良好的藏身、觅食、繁衍场所。

④气候条件：根据因季节性变化对植物带来的影响，结合当地的气候特点，制定符合自然特色的植物配置设计。例如，在寒冷地区配置抗冻性较强的植物，在湿热地区配置喜温植物；部分植物在冬季生长活性下降时所带来的净化效应减弱，应充分考虑到此因素并避免：同时冬季到来植物破败，也让湿地公园的色彩丰富性降低，缺乏游憩趣味。

⑤植物群落的稳定性：层次性地搭配、多物种的结合、竖向空间上的处理不仅能够增强植物群落的稳定性，同时也能够辅助群落良性地更新演替。根据乔、灌、草不同植物的生态习性、对应的不同生长环境要求来进行植物配置设计。在竖向上层次丰富，在平面上有开有合，在栽植上科学可靠，在观赏上赏心悦目。

通过植物配置设计手段营造良好的湿地生境环境，并通过植物的合理栽植，保证了湿地生物栖息场所的营建，并呈现良好的湿地植物景观，在城市湿地公园生态修复影响中扮演着重要的角色。

（二）植栽设计

植物群落受地理环境、土壤等多个因素的影响，经过了长期的发展变化，建立了完善的自然生态系统，景观的代表性较强，能够与城市风格相结合，并起到呈现地域风貌的重要作用。因此，湿地公园的植栽设计是湿地公园景观元素营造的最重要的部分。研究湿地公园的植栽设计首先要研究湿地的植物种类。湿地植物种类繁多，遵循着由漂浮植物逐步转变到陆生植物的进化方向配置，构建一个拟自然的、较完整的植物群落体系。

漂浮植物是指生于浅水中，叶浮于水面之上，根长在水底土中的植物，多以观叶为主。浮水植物体内存有大部分气体，使叶片能够在水面漂浮。对于水面的造景较为重要。

沉水植物是指植物体全部位于水层下面生存的大型水生植物，植物体的各个部分都可以吸收水分和养料，在水下弱光也可以正常生存，但对水质有一定要求，通气组织完善，能够保证水土空气质量，这些叶子大部分为狭长或丝状，花小、花期短，景观上主要以观叶为主。

挺水植物主要分布于滨水湿地的浅水处。植物多高大、花色艳丽，大多数有茎、叶之分，下部分或基部沉于水中，根或地茎扎入泥中生长发育，植物死亡之后会产生大量的废弃物，对水体会造成一定的污染。

湿生植物一般位于滨水湿地的边缘与陆地交接处，耐湿性突出，在空气、土坡、水分过饱和的状态下长势良好，不易在干旱环境中生存。主要由耐湿地被植物、水生、沼生、盐生植物和中生性植物吸湿性耐水淹植物等组成。

堤岸植物能够在两种不同环境下生存，将水面与陆地进行衔接，而岸边的乔灌木枝条向下延伸，也是一部分水景，植物类型较为丰富，对堤岸的景观营造起着重要的作用。陆生植物包括湿地陆生植物，一般处于湿地公园核心区域，耐水力较好，也能够适应地下水位变化，因而能够很好地适应环境发展变化，种类以乔木、灌木、地被花卉等为主。

三、修复生物群落栖息地

作为湿地生物多样性的最基本特征之一，湿地动物是必不可少的，从生态链的角度来讲，动物处于较高层次，需要良好的非生物因子（生境）和植被的承载。评价某特定湿地区域的生态效果，动物群落的健康性是至关重要的因素。

因此，生物群落的栖息地营造是城市湿地公园建设的要点，是城市湿地公园生态修复设计手段的具体表达，也是保障湿地系统健康发展的前提条件。根据分类学的方法，湿地动物群落可以分为四种类型：湿地鸟类、湿地鱼类、湿地两栖类和湿地底栖类。湿地动物群落栖息地营造的要点在于针对性地对不同类型湿地动物生境特点进行分析，有效地吸引湿地动物进行觅食、迁徙、安家以及繁衍的场所。

（一）鸟类栖息地营造

湿地范围内的鸟类从迁徙习性上分大致分为留鸟以及候鸟两种类型；从生活形态上分大致分为游禽类、涉禽类、傍水禽类以及猛禽类；在基底生境类型上根据基底类型不同分为江河生活型、湖泊生活型、沼泽生活型、农田生活型等，故在进行鸟类栖息地营造过程中，需综合考虑鸟类所有动作可能性，包括觅食、迁徙、停留、涉水、潜水、繁衍和隐蔽等。通常来说，鸟类对于原生活场地均具备一定的认知度和适应性，故鸟类栖息地的设计应最大程度保护原有湿地风貌，若有新建部分，则应融入原有景观风貌而不应过于突兀。鸟类作为湿地动物中最为活跃的因素，生性敏感，故鸟类栖息地应与人为活动较多的场地有一定的距离，或做一定的隔离。一般来说湿地鸟类根据自身生活习性对场地基底有着不同的需求，栖息场地也依据自身特性有着不同的选择，根据《乡土景观设计手法》一书，对于鸟类主要生息场所进行剖面的示意图。在具体的设计手段上，主要分为以下三点来营建鸟类栖息地。

1.场地设计

规划设计一定深度的水域，平均深度约为0.8～1.2 m，以提供栖息场所，堤岸的设计采用自然式的缓坡，并尽可能保留裸露的滩涂，提供鸟类的落脚空间。在湿地水域范围内可设置小型水岛，并同样种植芦苇丛、灌木丛，作为鸟类躲避天敌或捕食的隐蔽场所。同时规划一定面积的开阔水域，水生植物的分布应疏密有致，以提供不同种鸟类的活动空间。

2. 岸线设计

对应前三小节提及的地形设计、水系规划以及植物配置设计，结合鸟类栖息地的营造条件，栖息地驳岸应采用自然缓坡，增加不同层次的植物搭配，提供鸟类的食物来源以及栖息场地。在整个岸线的整体平面形式上看，岸线应增加弯曲，将岸线的长度拉长，以提供多种形式的栖息场所；在一个驳岸的断面形式上看，满足整体缓坡形式的前提下，可以适当增加小型陡坡，满足不同边缘物种的栖息地条件。

3. 湿地植物配置

相关研究表明，在城市中绿地阔叶林、针叶林、灌丛类和草地类等植被类型里，阔叶林中鸟类物种数和个体数量最多，多样性指数最高，简言之，其对鸟类的吸引力最大。因此，在湿地公园鸟类栖息地植被保护与恢复中，应该注重阔叶林的选择，同时辅以混交林、针叶林、落叶林和草地类等植被类型，以形成结构合理，功能完善的复层群落结构。

因此，在植物配置设计过程中，以高大乔木为主干，乔灌草有层次地搭配，并注重植物的郁闭度，做到有疏有密；同时不局限于单一设计层面的植物配置，可以辅以水体、小品等丰富景观空间，提高景观异质性。

（二）鱼类栖息地营造

鱼类在水体环境中，可以作为检测水质好坏的标准，水质越好，鱼类的多样性就越高，反之则低，也印证了水质维持设计的重要性。关于湿地鱼类的栖息地营造，可通过以下三点来入手。

1. 建立人工鱼礁

人工鱼礁是人为在海中设置的构造物，其目的是改善海域生态环境，营造海洋生物栖息的良好环境，为鱼类等提供繁殖、生长、索饵和庇敌的场所，达到保护、增殖和提高渔获量的目的。人工鱼礁根据所针对的鱼类不同以有不同的材质，通常为石料、轮胎、水泥、塑料等。人工鱼礁能为浮游生物提供依附场所，利于田螺科生物附着和滋生，能够为鱼类提供稳定的食物来源，也可用于躲避天敌、防御较强的水流冲击。

2. 设置石块

在鱼类栖息场所设置石块或石块群可以营造更复杂的空间模式，石块与石块之间的间隙能够为鱼类提供隐蔽场所，提供躲避天敌以及遮阴作用。由石块组成的具备稳定性的石块群也可以抵御较大流速的水体冲击，并梯度形式地减缓冲击力。

3. 设置废旧构筑物

针对场地内有较大的高差的基底，或需大量土方进行回填的土坑，可采用对水质无污染的废旧构筑物例如沉船、枯树（枯木）、水泥制块石等，构筑物丰富了基底的空间形式，呈现出缝隙、孔状结构、构筑物自身内部细小空间等，在提供鱼类隐蔽场所的同时也为水生植物的生长提供了离地空间。

（三）两栖类栖息地营造

湿地的生境条件十分契合两栖类动物的生活习性，此类动物能够适应如湖泊、农田、滨河等不同的湿地环境。在对两栖类动物栖息地的营建中，可依适当丰富地形，也可认为营造洞穴，以提供两栖动物的生存空间。在香港湿地公园中，枯树生境给两栖类生物提供了遮阴、攀爬、庇护场所。

（四）底栖类栖息地营造

底栖生物（benthos），即生活在水域底上或底内、固着或爬行的生物，常见有甲壳类、无脊椎类、蠕虫等。多生活在底泥中，迁移能力差、生存条件要求较为严格、具有较强的区域性，同时也有较弱的抗逆性。对于底栖生物栖息地的营造，体现在以下几点。①种植水生植物以提供附着空间，例如芦苇等。②基底的营造不仅要提供软性的基质，如沙、泥等，也需设置坚硬的石制材料作为基础支撑。③控制水质。湿地生物栖息地的构建是城市湿地公园建设的重要环节，也是激发其生态修复效果的重要因素。

四、修复游憩功能

在城市湿地公园建设的原则以及目标中，提出城市湿地公园需同时兼备湿地资源的保护以及市民游憩休闲场地的提供的双重功能，亦如城市湿地公园案例以及设计手段分析，在成都市青龙湖湿地公园中，满足保护与使用，游憩功能与生态修复功能的结合也是研究重点。游憩景观着眼于新的土地利用空间格局的调整，而生态修复设计则侧重对原有斑块－廊道格局保护性优化，生态修复设计是从整体到部分、从结构到具体单元的细化过程，这个过程是需要科学的方式方法进行指导。

（一）生态修复与游憩功能耦合设计中存在的问题

通过对城市湿地公园项目背景的总结以及前期的调研分析，综合设计原则的考虑和设计目标的把控，城市湿地公园的生态修复设计存在以下几方面的问题。

一是新规划的城市湿地公园通常需要改造原有农田与水系的关系，将原有分布范围较多的水网斑块和农田斑块重新整合到了一起，再进行重新的规划。从某种程度上来说，这种方法不是对于保护场地生态修复功能的最佳选择，因规划的农田、水域等将会被现规划道路和密集的游憩路网分割成碎块，原聚集起的大范围斑块再次被划分开，故亦存在斑块破碎化的现象，对于游客来讲，过多的异质斑块破坏了整体的感知。

二是在场地内难以避免生态保护区域与游憩路网发生交叉，而整个场地内部分区域需要最大程度的保护手段，也要求了最大化地降低人为干扰，游憩路网的走向很大程度上干扰了该区域在一定辐射范围内的游客访问量，进而增加了破坏场地生态性的可能，故在生态脆弱性较高的敏感区域，游憩路网的设计至关重要。

三是城市湿地公园的建设不仅提供人类活动场所，亦需要提供动物类栖息场地，城市湿地公园建设的最终目标是引导人与自然和谐共处，故在城市湿地公园的设计过程中，如何结合对应的生态修复手段，通过设计的手法来构建人与自然共处的空间，保障游憩行为在自然的环境中得到最大化体验是设计的重点之一。

因此，对于城市湿地公园的生态修复设计中，需要合理调整其布局，划分不同的功能分区，对不同的功能分区的游客强度进行限制；同时在不同的区域规划游憩节点，游憩路线过程中，通过游憩活动方式来控制、调节游憩强度，平衡生态修复与游憩利用的相互关系。

（二）结合生态修复与游憩功能的优化设计

在城市湿地公园的生态修复设计中，在前期的规划上应充分考虑功能区域的划分与合理的游憩路网规划，对于不同的区域设计不同的游线，对于需要重点保护区域、生态敏感区域进行最大程度的保护，减少人为的干扰，反之则对展示、活动等区域可适当增加游憩设施和游憩路线，为访问者提供游憩场地。

在功能分区与游憩路网的划分上，应充分结合《城市湿地公园规划设计导则（试行）》中规定，城市湿地公园的规划功能分区与基本保护要求所指，城市湿地公园一般包括了重点保护区、湿地展示区、游览活动区和管理服务区等区域，并依据功能分区对游憩路线进行规划。

在城市湿地公园的建设中，本着尊重自然、保护自然的思想，通过设计手段去引导生态修复效用的发挥，并指导建设中的具体设计手段，从而保护或修复湿地生态系统健康发展。在规划设计初期，为保证发挥游憩功能与生态修复功能兼顾发展，需进行合理的功能分区以及游憩路线规划；在具体的设计策略上，通过水系统的规划、湿地植物配置设计以及湿地动物群落栖息地营造来进行阐述，在实施过程中，三者的关系是相辅相成、相互促进的。

例如，地形的改造设计，为了迎合更符合湿地水系统的规划实施，同时也为了营造更适宜湿地动物群落生长的湿地生境；在湿地植物的配置设计上进行深入，能够提供湿地生物觅食、隐蔽、停留、迁徙、繁衍等场所，又能在一定程度上净化水质，承担湿地生态系统内物质交换的媒介；在栖息地的构建上又会针对植物的配置设计以及水系统的规划设计产生功能上的诉求，几种设计手段共同的目的即保护湿地生态系统，引导生态修复功能产生作用，并合理地建设具备观赏教育价值的公园，同时也联系前文提出的问题进行针对性处理，通过生态修复设计手段的引导，解决城市湿地公园当前亟待解决的一系列问题。

第五章　现代湿地公园的营建模式

湿地公园是国家湿地保护体系的重要组成部分，与湿地自然保护区、保护小区、湿地野生动植物保护栖息地以及湿地多用途管理区等共同构成了湿地保护管理体系。发展建设湿地公园是落实国家湿地分级分类保护管理策略的一项具体措施，也是当前形势下维护和扩大湿地保护面积直接而行之有效的途径之一。随着我国城市化进程的不断推进，由经济快速发展造成城市生态环境问题越来越引起人们的重视。其中城市湿地公园因其生态、社会及经济效益，如今已成为环境学、景观学关注的热点。本章分为湿地公园的营建模式、湿地公园的营建方法两部分。主要内容包括：湿地公园建设存在的问题、湿地公园营建模式的分类、主要营建方法、湿地公园的营建原则、湿地公园营建控制要素等方面。

第一节　湿地公园的营建模式

一、湿地公园建设存在的问题

由于我国对湿地研究的起步较晚，对城市湿地公园建设研究还不够全面和充分，因此，在建设过程中还存在许多亟待改善的问题。尽管建设条件、保护重点不同，面临的问题是不尽相同的，但是进行分析归纳之后，很多问题最终体现出很大程度上的共性。

（一）规划设计不当

很多湿地公园在规划设计中对场地研究深度不够，出现选址不恰当，对周围条件了解不充分，使得公园在后期建设过程中处于被动状态。交通游线的安排不合理，对公园内生态环境的干扰过大，影响了生物的栖息。建筑娱乐设施种类过多，对城市湿地生态系统的干扰很大。对生物的季相变化考虑不周到，造成在部分季节无景可观。对湿地公园的建设开发考虑简单化，部分湿地公园由于客观条件的限制，可能更适于分区块分步骤开发建设。湿地公园的生态功能和娱乐功能的度的把握不够准确，造成城市湿地公园的功能不够明确，处于既不像一般公园，也没有充分发挥湿地公园的生态功能的尴尬局面。

（二）资源保护力度不够

湿地水资源可以说是湿地环境中最为重要的元素，而目前湿地公园对水资源的保护还缺乏力度，表现在湿地对水质的净化力度不够及水资源与其他生态资源之间的综合利用程度不高等方面。湿地公园在某种程度上来说还没摆脱普通公园的建设模式，片面追求景观效益，对生态资源的保护力度不够，没有很好地发挥生态效益；生物科学、植物科学的研究和对场地空间设计的结合度不高，生态的可持续性发展后劲不足，生态景观的自我维持能力不强。应对湿地植物的生态习性加以分析和利用，以实现水土改善方面的显著作用。

二、湿地公园营建模式的分类

城市湿地公园建设的主要目的是进行城市生态系统恢复，作为城市绿地系统中的一部分，对环境的改善有着重要的作用。在经济发展的同时，人们不但关注自身生活的环境状态，也开始更多地开始关注地球上其他生物的生存状态。城市湿地公园在这种背景之下如火如荼地展开建设。因此，对湿地公园的研究也日益深入，湿地公园的建设模式也趋于多样化。基于客观生态条件和文化背景的不同，建设目的的不同，公园建设的侧重点会出现差异，基本可以归纳成三种基本模式：生态保护模式、水资源保护模式和休闲公园模式。

（一）生态保护模式——以尚湖国家城市湿地公园为例

生态保护模式的城市湿地公园的特点有：规划设计中以湿地生态保护区的建设为主，以最大程度地追求生态效益功能诉求，保护湿地环境的物种多样性和珍稀物种。重在建设和恢复完整的生态系统，保护公园中的生态资源，结合小部分的资源开发和休闲活动，科普教育活动等。出于保护核心区生态资源需要，通常会进行严格的分区设计和开发利用，对生态保护核心区做重点保护。通过将对环境使用方式和强度不同的活动安排在不同的分区，对生态因子起到更为有效合理的保护。如常熟市的尚湖国家湿地公园，就属于生态保护模式。

尚湖国家城市湿地公园位于江苏省常熟市，总面积约1745 hm²，其中水域面积约1 190.3 hm²。位于上海、苏州、无锡几个城市群之一间，靠近长江流域下游，地理位置优越。项目属于太湖流域，周围为村落居住为主，周围人类对环境的干预性不大，对土地的利用以农业生产生活为主，多为水田、鱼塘和果园。

1.尚湖湿地环境优劣势分析

湿地内大小湖泊众多，形成交织水网，降水量丰富，有良好的地表径流补充，水资源充足；由于地势低平，坡度都很平缓，在安息角以内。在湖网之间有大量的浅水沼泽地，有丰富的地下水蓄水量，由于地势的关系湖泊水位低于常水位。由于湿地边缘区广，湿地岸线长，有着明显的湿地边缘区域的生态特点：如湿地范围内动植物等生态资源丰富，物种多样。

基地的湿地范围内斑块之间联系松散，缺乏湿地廊道的连通，生境破碎。水生植物与陆地植物之间缺少过渡，湿地植被层次缺乏，本土植物没有形成地域特色，绿化覆盖率不高。因为植物群落质量不高，动物的食物来源不稳定和生存环境质量不高。

2.规划目标与定位

尚湖规划区集中了常熟市的很大一部分的动植物以及自然资源，湿地公园的建设可以有效地保护常熟市的自然生态环境，有效地提高城市生态品质。对于完整常熟市的山水格局有着很大的作用。在保护生态环境的同时也可为城市居民提供一个休闲游玩的景观空间。在完善生态功能的同时，也可以成为天然的生态科学教育基地和旅游观光的城市湿地景观，带动周围区域的土地开发，提升湿地周边土地价值。

公园将远期生态环境效益和近期的开发利用效益有机结合。定位为以生态保护为主的湿地公园，通过保护和恢复湿地功能，为区域动植物提供一个优质的生态栖息地。公园建设以生态保护为基础，在此基础上结合少量的休闲价值和旅游价值开发，并且严格控制开发规模，以免过多的人类活动对生态环境造成影响。通过对多方因素的综合分析，湿地建成为一个以湿地生态保护为主的城市湿地公园。

3.分区规划设计

同时根据保护和开发的力度不同，项目的建设用地划分为四级保护用地，分别对应四个不同建设保护级别的分区，包括核心保护区、生态保护缓冲区、实验科普区及外围控制区。

（1）核心保护区

尚湖城市湿地公园在湿地生态环境最薄弱的东北和西南部建立了两个核心保护区，核心区主要为保证生态系统的完整性，只作为生态资源保护用途，防止人类活动的干扰，不做人类参与活动的考虑。

（2）生态保护缓冲区

该区域位于核心区外围，这里建立了生态林保护区，成为鸟类、爬行动物、昆虫类的觅食区和栖息地。避免人类活动对动物栖息造成干扰和破坏，并且控制游览人流。

（3）实验科普区

在这个区域，有着良好的自然生态资源，结合这些生态资源适当做一些科学普及教育、生态景观展示、游览休闲等功能的开发。建设以平衡生态保护和合理利用为主要原则。

（4）外围控制区

这个区域在不破坏生态环境的前提下，应作为开发利用的主要用地，包括对休闲娱乐活动的建设，满足人们游憩的使用需要，充分利用原生态的自然资源作为景观建设的基础。

（二）水资源保护模式——以四川活水公园为例

水资源是湿地中最重要的元素之一，也是湿地公园里重要的保护内容。湿地生态系统的优劣很大程度取决于水体的质量。因此，在湿地公园的建设中，有将以进行水体保护和修复为主要目的的公园类型，被称为水资源保护模式。如四川活水公园。

四川省成都市的活水公园，是我国第一座以水质净化过程展示为主题的湿地生态展示景观公园。它是将人工湿地系统处理污水的技术纳入城市公园造园艺术的典范。这一湿地公园坐落于成都市的锦江边上，占地 2.4 hm^2 的湿地生态公园如今已经成为成都市游客游览数量最多的景点之一。项目的建设背景是，在随着城市经济的发展和农业灌溉面积的增加的同时，锦江的水量逐年减少，且水质污染逐年加重。基于当时的河流污染情况，市政府启动了为期 5 年的府南河综合治理工程——活水公园的建设。希望通过这一工程，改善锦江已经严重污染的水质，通过对水生态环境的保护和诊治，带动整个公园片区的生态系统的改善，同时形成一个生态环境教育基地。

因此，项目建设的侧重点放在了对河流水质的提高上，项目在湿地对水质进行的改善的同时加上建设净水工程，使得公园具备了很强的污水净化能力。

项目运用鱼形的剖面图作为平面布局的基本形态，生动的表现了鱼水难分的意向，富有景观趣味性。同时将整个净水排污的的系统与鱼体的各个部位相对应，将艺术与工艺相结合。将鱼嘴作为整个净化工程的起点，栽种大量的植物群落，打造一个浅滩的净水序景。在全园的制高点鱼眼处做蓄水池，并将锦江水通过两种方式引入潜水泵。其中一条是通过管道直接进入厌氧沉淀池底部和另一条是通过人造瀑布进入厌氧沉淀池。水体在这里进行悬浮物的分离和污染物的分解后，河水继续流入鱼体的肺区，曝气后流入兼氧池，水中的污染物在兼氧池中经兼氧微生物进一步降解，同时在这里按照鱼鳞的形态进行平面空间的分隔，其中栽种大量的水生植物如凤眼莲、芦苇、菖蒲，美化环境的同时也可以起到吸收、过滤或降解水中的污染物的作用。经过初步净化的河水流入鱼腹位置，也就是人工植物塘子系统。污染物质在系统中氧化还原作用、微生物分解作用等变为营养成分，为动植物的生存提供食物和养料，同时鱼类对浮游动植物进行吞噬，也起到了净化水质的作用；经过多重净化的水，最后流向公园末端的鱼尾区，至此，来自城市生活污水污染的河水，又重新变得清澈，在公园内经过水景展示之后，重新流入锦江，改善了城市河流水质。

（三）休闲公园模式——绍兴镜湖国家城市公园

休闲模式湿地公园在保护生态系统的同时，充分利用湿地周边的自然条件，发挥满足人们休闲娱乐需求的公园功能。在不干扰湿地野生动植物栖息的前提下，为城市居民提供一个接触自然，了解湿地的平台，平衡人们对湿地公园的使用需求和生态保护的发展需求。在核心保护区外，利用湿地边缘基质打造湿地景观，进行休闲娱乐功能的开发，为人们提供游览休闲的湿地公共景观。

绍兴市镜湖国家城市湿地公园是浙江省首个也是唯一的国家级城市湿地公园。公园总面积约 1 540 hm^2，其中水资源极其丰富，水面 558 hm^2，水资源条件优越。公园内面积最大的水体为镜湖，周围的自然环境优良，但是由于长期对湿地资源缺乏保护，特别是城市建设中进行高强度的开发，湿地面积已经急剧减少，新的湿地公园对湿地系统进行了恢复。同时在湿地公园规划设计中增加了大量的休闲活动空间，为游人提供丰富多样的娱乐活动，增加了科普教育的内容，满足人们的游览休闲的同时，了解湿地生态知识的需要。

镜湖湿地公园基于对规划区生态环境保护和城市居民使用需要的分析，将公园划分为三个区块，包括了以恢复湿地生态系统，保生物多样性，为动植物提供栖息地的南部景区；以农田作为生态基底的以农田观光为主的中部区块，在这里保留了寺庙等具有观光价值的文化元素，对绍兴传统文化和地域特色进行集中展示；以及以湿地风光展示为主的北部景区，增加了大量的湿地体验空间，成为市民在湖中泛舟，湖边漫步游玩的最佳去处。

三、湿地公园的功能分区

城市湿地公园的功能分区应该根据公园性质的不同分别划分，因对功能需求的不同，随之出现的分区也不同，即使相同的分区，也会因为不同的景观特征设置不同的设施。参照我国《城市湿地公园规划设计导则》的功能分区模式，将湿地公园着重分为四大区域，即重点保护区、湿地展示区、游览活动区以及管理服务区。

偏心模型是指原先湿地资源环境较好，受外界干扰和破坏较少或处于大江、湖泊、高山等边缘地带的自然保护区，在规划和设计时有意识地将重点保护区偏向地理边缘地带和资源较好的区域。其重点保护区一般是未开发的天然状态。

同心模型的功能分区一般按照被保护的重要性和价值性对不同区域实行不同的管理措施，适用性较广，国外很多湿地保护区都采用这样的分区模式。除此之外，同心模型还能方便管理和工作人员更好地认知和识别环境。这种模式往往对重点保护区的管理更加严格，只允许少量的科研活动在其中。外部是湿地展示区和游览活动区，充当过渡区的作用，允许少量的人类活动，降低外界对核心区域的干扰。最外围是管理服务区，占地面积通常较小，提供满足旅游、生产的基本场所条件，但不允许有污染情况。

多核心模型是指原先场地中有道路、桥梁、航道等对湿地生态干扰较大的因素穿越时，应当考虑在场地中安排多个重点保护区域，形成各自的湿地展示区域，有意避开干扰因素，外围的游览活动区和管理服务区不受影响。

（一）重点保护区

对于湿地中功能结构较为完整、生物多样性较丰富的地区，应该设立重点保护区，其作为湿地公园的核心区域与自然保护区的核心区在功能上有异曲同工之处。重点保护区一般由生境岛屿、大面积生态水域、浅水滩涂等组成。该区域应结合湿地现有自然条件，实现以河湖、沼地为主的某种单一湿地生态系统或多种因素并存的湿地生态系统，通过科学管理等措施，使之逐渐形成自然状态下的湿地生态系统。优质的自自然环境，能够吸引多种野生动物，例如白鹭、灰雁等，为其生存、繁衍提供良好的生存环境。通常情况下，该区域的生态环境较为脆弱，尤其在动物繁殖期时应设置季节性禁入区，采取有效措施对游人数量加以控制，将湿地科研工作者以及部分观鸟爱好者作为开放的主要对象。

重点保护区建设的内容通常包括河流湖泊、沼地等自然生态水域以及生境岛屿在内的各类湿地植被景观的营造。

另外，为了更好地满足游人参观和科研需要，区域内应适当建设交通道路和观鸟台等设施。向游人展示自然状态下湖泊、河流、沼泽、水田等湿地生态系统的同时确保野生动物栖息、繁殖不受干扰。

（二）湿地展示区

湿地展示区的作用是向游客展示公园中所特有的湿地景观、文化、知识及生物多样性的主要场所，是集休闲、观光为一体的综合展示区，拥有一般城市公园性质的湿地景观主题园区。该区域人流量较大，且游人的活动范围基本不受限制。通过设立湿地功能展馆等人工辅助设施，向游人展示以淡水湖泊、河流湿地为主的湿地景观类型。湿地展示区所营造的空间氛围是大环境下的半开敞空间，让游客在湿地迷宫、湿地微缩园、探索长廊等景观项目中全面了解湿地文化，激发游客了解湿地、亲近湿地的欲望，从而加强人们对自然湿地及生态环境的保护意识。

（三）游览活动区

所谓游览活动区，是指以不破坏湿地生态环境的基础为前提，在生态敏感度较低的地区建立一定范围的游客活动区域，以便开展以湿地文化特色为主导的娱乐、休闲项目。湿地游览活动区主要建设项目有：湿地文化主题馆、湿地功能展示馆、水体连廊、湿地类型与湿地景观的营造、水循环设施及游路、亭台、休闲观光设施等。游览活动区建设过程中，可以通过建筑、小品等形式将该区域的地域特色和人文精神结合起来，以提高游人在游览过程中对其文化底蕴加以探索的积极性和主动性，同时更好地展现该湿地特有的生态功能。

（四）管理服务区

湿地管理服务区的作用是为城市湿地公园的研究工作者和管理人员提供工作及居住的场所。一般湿地管理服务区应设立在湿地生态系统敏感度较低的区域，并方便与外部道路交通取得联系。湿地管理服务区的设立，应以减少对湿地生态系统中整体环境的干扰和破坏为原则。该区域的建筑、设施应该尽量体量小、层数少、密度小、耗能少，并且尽量绿树浓郁覆盖，形成遮蔽。

第二节　湿地公园的营建方法

一、主要营建方法

城市湿地公园的营建是利用城市中的湿地区域及资源结合城市公园功能，完成湿地与城市公园功能的协调。在这个整体里，掌握好营建原则，控制好一些关键要素是非常重要的，对完善城市湿地公园的营建具有重要的价值和潜在作用。城市湿地公园在建设时主要是结合湿地与公园的功能，促使湿地与公园合二为一，结合成为一个整体。

二、湿地公园的营建原则

（一）综合性原则

城市湿地公园的设计涉及建筑、环境学、生态学等多方面的因素，是将各种学科融合到一起的高度综合项目，这就要求在设计的时候要处理好各方面的关系，争取取得最完美的效果。

（二）地域性原则

不同的国家，不同的城市，其水质、土壤、适合生长的植被等都是有所区别的，这就要求我们在对城市湿地进行设计的时候要考虑到其特殊性，根据当地的实际情况来建设湿地公园系统，做到因地制宜，合理开发，目标是促进生态环境朝着更好的方向发展。

（三）景观美学原则

城市湿地公园的建设要让人在休憩，旅游，科研等的同时感受到美。设计者在阐述自然景观和人文景观的特点时，要挖掘出潜意识里更深层次的美。

城市湿地公园在建设的过程中，不能只考虑到其功能和作用，也要注重美学的追求。看下以前所有成功的案例，他们都很好地体现了美学原则。这也是城市湿地公园的价值之一。

（四）生态关系协调原则

城市湿地系统的建设牵扯到很多方面之间的关系，如人与环境，环境与生物，生物与生物等等，在设计的时候要保证这些因素之间的协调发展。人类也是城市湿地系统的一个重要组成部分，在这些关系中，人类要遵循自然规律，而不是强硬地改变生物间的协调性。要在遵循自然的基础上，使自然得到和谐的可持续发展。

（五）适用性和多用性原则

城市湿地公园设计强调适用性和多用性，以适用性为系统设计主要目标，设计系统是为了满足功能需求，而不是形式。城市湿地公园的建设，在用来观赏的同时，还具有污染控制、植被改进、废水处理、教育研究等多个目标。所以，湿地的建设发展，只要完成后湿地功能最初的目标是完整的，这个湿地的建设就可以说是成功的。湿地公园的建设不是一蹴而就的事情，植被需要合理的调整，生物需要适应新的环境，这都是需要一个过程的，因此，合理的进度有利于营养物的保持。

三、温地公园营建控制要素

（一）安全要素

1. 水位

水位的调节是保证城市湿地公园水体安全的主要因素，其中重要的就是调节它的引水和排水。所以，我们要确保亲水平台的安全，就要控制好水体的水位，这就要从区域范围来调节水位的角度从而来调整合适的水面高度。

2. 防汛设施

由于暴雨、潮汛等特殊的气候，城市湿地公园的某些区域应该要注意到增加防汛措施用来保证整个公园在汛期不受或受到非常小的影响。单纯地增加防汛墙的高度并不是一个非常好的方法。早在 2000 年以前，蜀郡太守李冰就为我们留下了一个奇迹，当然，也是世界水利史上的一个奇迹，那就是家喻户晓的都江堰。“深淘滩，低作堰”，这六字诀，就是对付水患的秘诀，现如今，这六个大字，依然铭刻在四川的都江堰上，至今仍具有很重要的实际意义。

（二）功能要素

城市湿地公园的建设，对当地及周边地区的城市功能会有所改变，也会提高本区域的生活品质，因此，在建设湿地公园之初，要考虑整个城市，顾及城市发展的未来，切不可将目光停留在当前。用长远的发展的思考方式，城市的规划发展才能朝着和谐的方向发展。

对湿地影响最多的人群是分布在湿地公园的边缘和功能设施最多的区域。因此，在城市湿地公园的周边区域，可设计成对游人开放的公共场所，这样不仅使其充分发挥了功能，还能使整个公园得到更好的保护，从而取得更好的效果。

（三）景观要素

1. 视线通廊

城市湿地本身条件是非常丰富的，水体、植物、地形，为景观节点的设计提供了良好的地形条件，根据湿地原有地形因势利导的设计各种景观节点，从多角度观赏湿地美景，或从高塔俯视，或从阁楼远眺，或在桥上观水，或在广场休憩，或在路上观赏各式建筑，在设计时，要在地势生态上做好湿地的整体规划，如在湿地与建筑群衔接的区域，可以进行人工的生态绿化，种植高大的乔木林，使之形成一个分隔空间，成为城市向自然的过渡。这种分隔带的设计可以适当地改善局部小气候环境。

2. 空间结构

自然景观是由很多要素构成的，这些要素包括水体、地形、地貌、地势等一些地理环境。其中最基本的是水体和地形要素。是构成城市湿地自然景观的基础。我们只有将这些要素充分、综合地加以利用，才能创造出最美好的景观效果。在湿地环境中，同样要做到使山丘具有清晰的脉络、让地形具有跌宕起伏的阵势，这样做的好处是，不单单可以创造出让人惊叹不已的景观空间，也可以对雨水的流向做出正确引导、合理控制水流速度。

为了能够让人们感觉到完美的视觉感受，控制好湿地公园的建筑高度是一个非常有效的手段。为了保留足够的敞开空间，城市湿地公园区域范围内并不适宜接纳大型的建筑。湿地边缘地带可以安排一些小型的临水建筑，为了达到临水建筑的观赏性，在材料的选择上尽量考虑不遮挡视线的材料，已经通透性比较好的材料。为了保证所有的建筑都可以拥有水面景观，在建筑时要注意把握好建筑的高度，尽量做到从临水面向后延续时有一定的阶梯度。想要更好地利用对岸的景观效果，最大程度地借景，就要考虑到环境与建筑形成的夹角区域，即水天的交界线的作用。完善空间结构的方法之一，就是搭配好高中低的纵向空间，也就是做好乔、灌木以及地被植物的配置。

3. 滨水空间

水体是整个城市湿地公园景观主体。良好的水体形态对城市湿地公园整体景观改善的效果十分显著。在湿地公园景观水体的设计中，岸线应尽量保持成蜿蜒曲折的自然形态。同时蜿蜒的岸线在增加观赏性和游览性的同时，也可以形成生动优美的水湾景观。通过植物群落营造具有湿地地域特色的湿地景观，美化滨水空间的景观形态。

4. 游览设施

有水就有桥，以水为主的设计中桥为重点，它起到连接两个河岸使游人通行的作用，在景观中是必不可少的构筑物。

登高远眺、俯视全园，给人以独特的视觉享受。观景塔在湿地公园中是全园的制高点也是视觉交汇点，对公园也起到标志性的作用。观景塔也是观察动物习性以及观察湿地隐患的必需设施。

亭、廊、花架、亲水平台和水上栈道是每个公园中必不可少的景观建筑物，它能够聚焦有人的视线，又是最佳的欣赏点，同时也是能够为游人提供休憩的场所。

形态独特、造型新颖的雕塑小品常常能成为湿地环境中的亮点，对儿童具有较高吸引力。可以充分利用这些特点，将科普知识以生动活泼的形式融于景观下品中，起到对少年儿童的引导教育作用。

5. 休闲设施

在城市湿地公园中，应具备一定的休闲设施，可供人休憩停留，休闲娱乐。对景观设施的造型体量、设置地点都应进行细致推敲。如供人休息的亭，应建设在风景优美的之高点，利于俯瞰观景；桥在起到交通功能的同时，也应注重造型的美感；在山体之上或开阔的湿地边缘应设置观景塔，以便科研人员进行鸟类生活习性观测和森林防火观测的需要，同时满足游人登高观赏的需要；沿水岸设置亲水平台和亲水栈道，可拉近游人与水体的距离，让人们近距离的体会芳草萋萋的湿地之美；在局部空间设置小品、雕塑。可强化场所空间的主题。

第六章　现代湿地公园的规划设计

湿地公园建设涉及水利、环保及农业等多部门，其协调难度非常大，湿地公园建设应充分遵循生态规律，延续中国传统园林的艺术手法。本章分为湿地公园规划设计的原则、湿地公园规划设计的理念、湿地公园规划设计的步骤、湿地公园生态景观设计要素四部分。主要内容包括：整体性原则、适用性原则、生态保护性原则、可持续发展原则、系统性原则等方面。

第一节　湿地公园规划设计的原则

一、整体性原则

对于基于地域文化的城市湿地公园景观的营建来说，整体性原则主要包含两方面。

首先，从保护湿地生态系统角度遵循整体性原则，城市湿地系统具有复杂性，它不是隔离的生态系统，它是由同一生态系统内部的齐各个组成部分间的相互作用和不同生态系统中的各个组成部分的相互影响而形成的空间上的相互交织，其具有显著的整体性。各生物之间能量的流动和物质的循环遍布整个城市湿地公园，某一区域受到污染或破坏那么其他区域也会受到相应的污染进而导致湿地功能减弱。

因此，在设计上应综合考虑湿地生态系统的各个组成因素，以整体和谐为宗旨，遵循整体原则，既有利于湿地生态系统的完善，使其充分发挥湿地的生态功能，又不影响其他生态系统的正常运行。

其次，从城市湿地公园中地域文化的融入角度遵循整体性原则，任何一种景观元素都不是孤立存在的，地域文化景观的营建不仅仅是对某一景观元素的表达，它是由多种景观元素在地域环境这个大背景下共同表现出来的。在地域文化景观营造过程中，我们既要考虑景观要素的表达，也不可忽略景观空间的构建和景观序列组织。设计只有在全面掌握地域环境因素的基础上，才能创造出体现整体地域特征的景观。

在城市湿地公园中由多个景点组成不同的景区，每个景区所表现的主题、材料选择和造景元素各不相同，这时整体性原则就发挥了重要作用，协调同部和整体，整体与局部之间的关系。而城市湿地公园处于城市这个大环境中，所要体现的地域文化景观如何与城市这个大环境很好的融合，整体性原则在此显得尤为重要。

二、适用性原则

湿地类型不同，设计目标也具有差异，不同湿地类型所处区域也不同，所以在不同类型湿地景观营造中，则需要注重因地制宜，针对营造中存在的问题具体分析，严格遵循区域的适用原则。

三、系统性原则

（一）保护湿地的生物多样性

城市湿地公园建设对原有生境的改变应控制在最小的范围内，尽量保持基地原貌；应为各种湿地生物提供最优质的生存空间；营造适宜生物多样性发展的环境空间，保障湿地生物物种的多样性和稳定性，防止外来物种的入侵造成灾害。

（二）保护湿地生态系统的连贯性

保持城市湿地与周边自然环境的连贯性，生态系统与外部环境应有一定的联系和交融。在湿地公园各分区之间，建设生态走廊，保证动物在其中的穿越不受阻碍，以及动物在生态系统中能得到庇护。确保湿地水体的贯通，保持湿地水体的良性循环。

（三）保护湿地环境的完整性

保持湿地水域环境和陆域环境的连续性，避免湿地环境的过度分割而造成的生境破碎化；在城市地带与湿地公园之间留出缓冲保护地带，以免城市发展对湿地环境的过度干扰。

（四）保持湿地资源的稳定性

保持湿地水体、生物、矿物等各种资源的合理开发与利用，并使各生态资源之间建立起互生共荣的关系，确保城市湿地公园的可持续发展。

四、弹性发展原则

湿地在自然环境的保护上起到至关重要的作用，如调蓄洪水、控制水流、防止水土流失、改善水质、调节气候等，同时也为人类的生产、生活提供了必要的物质保障，例如粮食、药材、肉类、能源以及工业饲料。对人类而言，湿地所发挥的作用已经不仅仅是保护濒危物种栖息地，而是成为改善城市生态环境以及实现社会、经济可持续的重要因素之一。湿地生态景观设计，不论是从何种角度出发，都应将设计的可持续性作为前提，以综合整治为措施，使湿地的开发和建设控制在可恢复的弹性范围之内，为湿地的后续发展留有余地，杜绝一次性开发、彻底开发的现象。如果没有站在长期发展的角度上，而对湿地进行无限制开发，湿地原有的环境状态会在不断地消长中被人类自己毁掉。

五、协调建设原则

城市湿地公园的整体风貌应与湿地特征相协调，体现自然生态之美；建筑风格应与城市湿地公园的整体风貌相协调；公园建设优先采用生态工艺材料与生态环境相协调；严格限定湿地公园中各类管理服务设施的数量、规模与位置，以免对湿地的生态环境造成破坏。城市湿地公园内包涵有许多社会经济问题，是一个自然与社会复合生态系统。因此，在建设过程中应统筹考虑发展需求，从根本上协调好环境保护与利用的矛盾，使湿地系统能实现健康可持续的发展。

六、景观塑造原则

城市湿地作为一种自然景观天生就具备美学价值。城市湿地公园的建设应当体现公园向市民提供可观赏和休憩场所的属性。城市湿地应当有限度地向人们开放并建立适当的游览设施，塑造自然状态及人工状态下的湿地景观系统。

七、功能效益原则

城市湿地公园作为城市公园的一类，需在确保生态环境稳定的情况下体现湿地在防洪、污水处理、生物保护、地下水补充、研究和教育领域的价值。城市湿地是城市可持续发展的重要资源之一，是否能够适度合理地开发利用这些城市湿地资源是评价一个城市湿地公园设计是否成功的重要标准。

八、文脉传承原则

城市景观的每一种表现形式在一定程度上都反映了一个城市居民的审美取向和文化需求，同时也反映了一个城市最基本的精神追求。文化对城市有着潜移默化的影响，而这种根深蒂固的作用也深刻影响着不断发展变化的城市湿地景观。因此，在城市湿地公园规划设计中必须结合当地历史文化，同时结合所建设湿地及周边地区发展的历史和城市的历史文脉，使湿地公园的景观将该地区的历史文化传承下去，进而塑造有鲜明特色的城市形象与湿地公园景观环境。每一个地区和湿地本身都有着特有的历史文化价值和环境氛围。一个地区的魅力在很大程度上是在于其与众不同的历史文化与景观特色。在城市湿地公园规划设计中只有尊重所在地区的历史和文化，并充分了解其内涵，才能够将湿地公园建设成为具有内涵的城市特色景观区。在城市湿地公园规划设计中，要重点考虑湿地公园生态环境与其所在地区的历史文化环境的结合，进而体现湿地公园所在地区及周边乃至整个城市所特有的文化底蕴和民俗风情。

九、生态保护性原则

任何一种模式和主题的城市湿地公园都是在保护湿地生态系统完善和充分发挥湿地生态功能的基础上进行营建的。生态保护性原则是城市湿地公园建设中基础原则和总原则，在规划设计中要保护湿地的原生态性，首先保持和维护湿地自然原始的乡土物种和生境，保护湿地内的生物多样性，为其提供可生存的空间；其次保护湿地内生态系统的连贯性，保证湿地生物生态廊道的畅通，确保生态系统内物质能量的流通；最后保护湿地环境的完整性和稳定性，避免湿地环境被过度分制进而造成的环境退化，湿地功能减弱，确保城市湿地公园的可持续发展。

十、保留与再现原则

保留再现即指保留与恢复重建城市湖地公园基址内遗留下来的具有特殊自然环境或重要历史文化意义的场所，使其再现当地的传统地域风貌和地域文化。在《没有建筑师的建筑》中鲁道大斯基（Rudofsky）强调设计本身就是生活过程的物化，他认为最好的设计来源于大自然本身，人类在生产生活中对自然环境和社会环境的适应过程揭示了没有设计师的设计才是动人的且富有深刻的内涵。一个优秀的园林景观，它是在历史的长河中不断发展的，在历史与人的活动的积淀中逐渐走向成熟的，它不是设计师凭空创造出来的，它是历史和文化的浓缩。城市湿地公园规划设计中地域文化的体现也应尊重“没有设计师的设计”——保留历史遗迹，同时深入挖掘当地的地域文化，对于场地内消失的予以保留或恢复重建，以再现当地的地域传统风貌特色。

十一、地域性原则

城市湿地景观设计的地域原则应体现地方特色，具有城市湿地景观的独特的地域文化的内容或局部形式具有独特的表达，用具有当地认同感和归属感的符号和语言形式，表现出显著的地域特色，从而提高湿地的语言魅力。在设计上可以从三方面展开：首先基址场所精神的延续，在这里场所精神包含了场所的文脉、结构或功能，利用一切可见的或消失的、现代与历史的因素来揭示山景观与场所精神的同源性，既凸显了场所精神又赋予景观深刻的内涵；其次基址的改造复兴，是指对待传统不仅仅是简单的复活，而是将其与时代紧密地结合起来，从而赋予其新的时代内涵，这样既能创造并挖掘出新的地域文化内涵义能延续其生命，发展地域特色；最后地城文化的融入，地城文化景观场所的构建、地景要素与地域风土文化叠加出的场景才能造就富有灵魂的景观，在设计中运用恰当的造景手法和文化艺术符号等将地域文化注入到场地内的植物、建筑、铺装、景观小品中，以体现地域性，彰显地域文化。

第二节　湿地公园规划设计的理念

一、湿地公园规划设计的理论基础

（一）美学思想

景观设计中生态学的引入，导致景观设计美学出现较大变化，生态美学注重自然生态过程本身也就是美的。丰富的野生动物活动、生长旺盛的草木构成美丽的自然画卷，在景观设计中则注重构建野生植物景观以及荒野保护策略，从而营造出一些看似荒野的自然景观。在西方国家一些公园则会规划出固定区域实现自然资源的自由发展。植物种植没有人工修饰痕迹，不管是贫瘠场地，还是受污染区域均可以自然生长出来野生植被，一方面体现的是对自然生态的尊重，另一方面也体现对生态美学的肯定。

（二）景观生态学理论

景观生态学认为，在湿地包括在内的自然保护区最佳形状，也就是在大的核心区域配置弯曲边界以及狭窄裂开性延伸，在延伸过程中需要确保延伸方向和周围生态流方向一致，在设计过程中紧凑或圆形斑块对于内部资源保护具有促进作用；弯曲边界便于多栖息地物种生存，也可以为动物逃避被捕食提高条件；狭长裂开形延伸则能够为斑块内物种灭绝后再定居提供便利，也有助于促进物种向其他斑块的扩散；斑块长轴是景观生态动态功能的重点，比如林地斑块的延伸则直接受到迁徙鸟类利用的影响。所以在湿地公园景观生态规划设计中，必须要有效遵循自身景观生态模式，具体实施过程中：首先，结构规划方面，湿地公园景观功能实现，则是建构在景观生态系统协调有序空间结构上，因此在规划中一定要综合考虑景观固有结构及功能，比如大的自然斑块以及河流廊道等。在此基础上确定个体的地段利用方向，构建景观生态系统的不同个体单元，也就是空间元素的元素基础；其次在功能分区及生态区划中，想要有效避免对被保护对象湿地环境造成不良影响，同时有效实现游客分流及资源配置利用，则需要实施功能分区以及生态区划。公园景观规划对湿地公园生态工程建设效果具有直接影响，也是实现公园生态旅游开发的基础。

（三）恢复生态学理论

湿地属于是水域和陆域的过渡地带，不管是对于洪涝预防、水质及水量分析，还是游憩、野生动物及鱼类栖息等均具有重要价值。湿地恢复则也就是采用一系列的生态技术或生态工程，有效修复或者重建已经退化或者消失的湿地，从而有效呈现出湿地之前结构及功能，实现其相关物理化学及生物特性。在湿地生态系统恢复生态学中，包括改善地下水位实现沼泽养护、扩大湖泊容积量，达到有效净化水体的目的，因此恢复生态学理论在湿地公园景观营造中具有重要应用价值。

（四）地域主义景观设计理论

首先，与自然环境相适应，自然环境对景观具有重要影响作用，其中包括气候条件、自然资源以及地形地貌等等因素，和自然景观相适应则也就是在湿地景观设计中，需要和当地的气候特点、自然资源等相关自然要素密切结合。

其次，与文化因素相适应，不同区域的景观不但要和当地自然环境相适应，同时也需要和当地的社会组织、生活方式以及历史文化等文化因素相结合。人们长期生活在一个文化模式中，则也会形成固定的心理特征以及行为取向，文化模式具有差异也会导致人的感觉具有差异，因此对于生活在不同文化环境中的人来说，关于同一东西的体验是具有差异的。那么在景观设计中，则需要有效把握地域文化特征。

最后，与经济技术因素相结合，地域主义注重实现建筑和社会经济因素的有效结合，不主张和实际情况不相符的技术至上现象，当然对于先进技术的应用价值也非常认可。地域主义并不是说是要回到传统手工艺，则是对其有一定的适宜态度。发展适用技术，在当前社会经济发展中也是思考重点，在景观设计中，不能单纯地注重采用新技术或者传统技术，则需要结合实际在务实态度下，采用适宜技术构建独特地域性景观。

二、湿地公园规划设计理念

（一）正视人为因素与城市湿地生态恢复的关系

首先，如今的城市湿地几乎都是被人类所影响或改造过的次生态，并且，这种影响始终存在。至于认为湿地作为自然系统有自我调节和恢复的功能从而应当通过绝对排除人为干扰而进行湿地保护的想法是不现实的。

其次，人为活动其实与湿地生态恢复并不冲突，通过合理设计湿地水文、引种湿地物种、限制游人等人工手段可以对城市湿地恢复起到积极作用。但自然规律永远是湿地恢复的基础，人工设计只是一种加速湿地恢复的辅助性工程，对湿地恢复的自然方向不可随意改变。

（二）正视湿地恢复与生态景观的关系

生态景观是指建立在健康生态环境基础上的自然景观。既然城市湿地的恢复工作离不开人工改造工程，那么对城市湿地的改造在恢复湿地生境和湿地过程的基础上可以对湿地施加景观美学影响力。换句话说，人工湿地恢复是指恢复原湿地的生态功能而不是原貌不动地复制出来。因此，在城市湿地公园设计特别是针对遭破坏湿地环境的恢复中，以湿地原生态为模板的自然景观并配置观景设施，而这个过程即为生态景观的塑造过程。

（三）明确城市湿地公园设计的重心和前提

城市湿地公园以生态保护为优先原则，因此其设计的重心是城市湿地生态恢复。一个稳定、完整的湿地生态是城市湿地功能和价值体现的前提。所有成功的城市湿地公园设计案例都是将建立稳定生态系统作为公园设计的第一步。

（四）明确城市湿地公园设计的中心

由于城市湿地公园设计的重心在于湿地生态恢复，而同时又需体现公园绿地的性质。因此，城市湿地公园设计的中心内容是指结合景观美学的城市湿地生态恢复过程，即城市湿地生态景观的塑造。设计师对城市湿地生态景观的塑造是一个在恢复城市湿地生态基础上的自然景观设计过程。

（五）城市湿地公园设计的其他方面

除了城市湿地公园的生态景观塑造之外，城市湿地公园还应包括适当的科研和教育设施、游客接待设施、交通设施、人文景观等。以体现湿地公园的综合性功能要求。同时，城市湿地公园的设计应当符合区域内的城市规划方向，融入城市。

第三节　湿地公园规划设计的步骤

一、接受任务

在接受任务之时，应明确城市公园湿地保护规划的重点，即城市公园湿地的重点功能，如湿地功能宣传、湿地景观展示、湿地恢复、生物保护与展示等，明确城市公园湿地保护规划的侧重点，有利于后续规划工作的开展。

二、现状调研

与一般规划设计一样，城市公园湿地保护规划设计首先也应了解对象的情况，对公园湿地现状进行调查，为下一步规划研究打下基础。

对湿地公园所在区域的气候条件和生态资源状况进行分析，综合考虑温度、水分状况、光照、地形、物种群落、水体水质、污染物来源等环境方面因素。这些湿地现状调查应做到专业性、客观性与全面性相结合，调研小组除城市规划人员外，还应包括有丰富经验的生态环境、湿地技术方面的专业人员，有多学科专业技术人员。在这个阶段，主要任务是制订工作计划、实地考察和资料的归纳总结等内容。应对大量相关资料进行分析，明确项目中湿地现存的主要问题，提出相应的预防方法指导。

三、规划分析论证

在城市湿地公园总体规划设计过程中，应注意规划设计和其他学科专业的衔接，组织风景园林、生态、湿地、生物等方面的专家针对进行规划设计成果的科学性与可行性研究，进行评审论证工作。在研究过程中应灵活运用规划理论与技术方法，吸取情况类似的成功案例先进经验，对湿地现状问题进行剖析并提出解决方案。

四、场地与范围界定

（一）选地

科学地选择湿地恢复所在的位置，合理的选址有利于湿地恢复和开发，也能在建成后将为周边环境带来巨大的生态效益。

城市湿地公园的选址应对地域的综合条件加以考虑，包括自然保护价值、野生动物的价值和潜力、土地利用变化的环境影响、土壤和基质的理化性状、植物生长的限制性，以及一系列的社会经济因素等。

这需要对场地周围多方面的因素进行整体分析，包括场地与污染源的位置关系，该场地所受的环境的干扰来源，与周围水域和居民区的距离，水体的来源形式，土地的使用形式，是否处在濒临物种保护区或历史风景保护区，在其所在位置地下层的自然属性等。确保恢复区有足够的湿地面积，可以建立足够的缓冲区。正确选择城市湿地公园的位置对湿地规划设计的影响重大。一般来看，替代性湿地应最大程度地靠近原有湿地的位置，以便整个水域功能的维护。还应确保交通与水电的便利，确保鸟类迁徙通道与鱼类产卵鱼泅游水道的畅通。通过合理的用地规划，使它们能够发挥最大程度的综合效益。

（二）界定范围

城市湿地公园规划范围的界定应根据地形地貌、水系、林地等因素综合确定，尽可能地以水域为核心，将利于湿地生态系统连续性和完整性的各种用地都纳入规划范围，特别是湿地周边的林地、草地、溪流、水体等。为了充分发挥湿地的综合效益，城市湿地公园应具有一定的规模，一般不应小于 20 hm^2。

五、设计程序

城市公园湿地保护规划与一般的城市绿地规划相比具有一定的特殊性，针对不同情况的城市公园湿地，规划的程序略有差别，但总体步骤一致。城市湿地公园设计工作，应在城市湿地公园总体规划的指导下进行，按照出图顺序具体可以概括为方案设计、初步设计、施工图设计。

第四节　湿地公园生态景观设计要素

一、生态要素

（一）水质

水资源是城市发展必不可缺的重要条件，城市湿地在城市现代化过程中或多或少都存在一定的水质问题。在水质恢复的过程中，要从两方面进行考虑，一方面是湿地水系的连通化，另一方面是供水系统的高效化。唯有合理的湿地水体布局，改善水体结构，才能使水环境在整个生态系统的恢复中发挥最大价值。因为水质恢复的目标和原则各不相同，所以要选择的关键技术也不同。常用的改善水质的技术有：污水处理技术、土地处理技术、沉积物抽取技术、先锋物种引入技术、光化学处理技术、土壤种子库引入技术、生物控制和收获技术、物种保护技术等。这些技术中有的经过反复实践已经建立了一套相对完整的理论体系，有的正处于发展阶段。在湿地的恢复或重建过程中，绝大多数湿地都是采用几种技术进行综合整治的，并取得了良好效果。

湿地水环境治理的方法多样，但一般都遵循以下步骤，如图 6-1 所示：首先对已污染的河流，必须找到污染源且立即切断，一般水体在经过河水不断稀释以及自身的自净作用后能够很快恢复原有水质状况；其次是通过物理手段对淤积河道进行疏通清理。这种方法周期短、见效快，且效果显著，但是费用巨大，建议在局部地区少量运用。另外，还可以通过水体生态系统中多种生物群落相互作用取出其中的污染物。实现水循环也是水质改善的重要措施，可以在工程上增加地表水与地下水之间的联系，建设雨水花园、生态滞留区、植草沟、渗透池、人工湿地等都能使水体通过本土植物实现过滤净化，从而促进水系统形成相互补给。

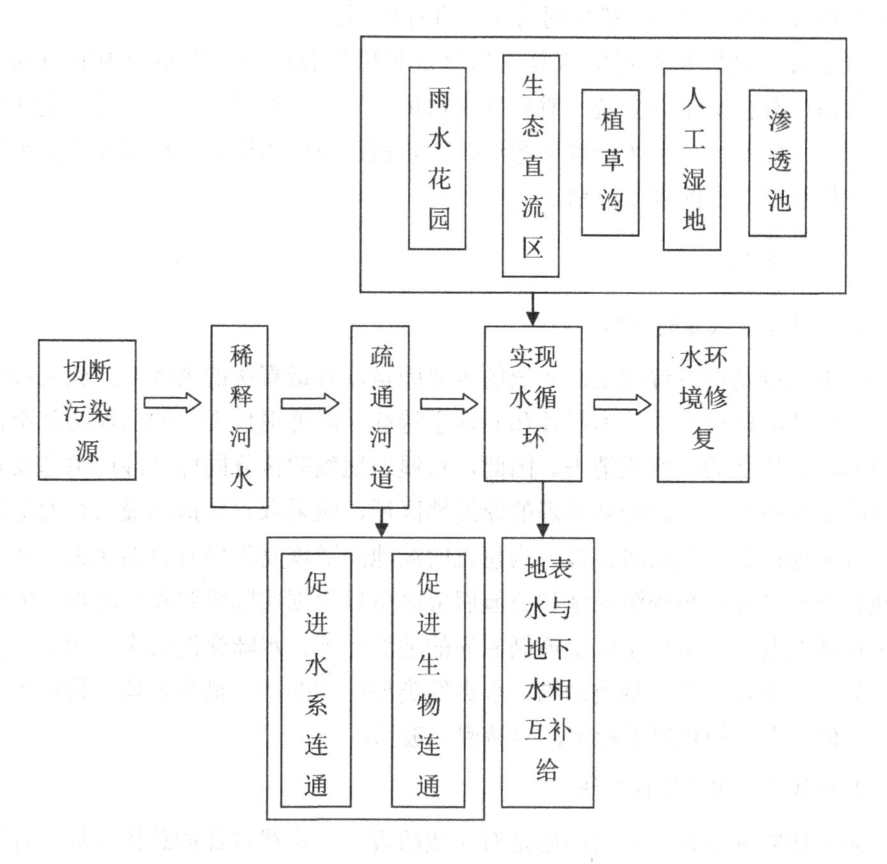

图 6-1　水环境修复的步骤

（二）生物

在恢复和重建湿地群落的过程中，植被恢复是主导位置，生态健康、富有特色的湿地植被系统是湿地公园的根本。虽然水生植物或陆生植物的种类繁多且习性各异，但在具体实施过程中仍有可借鉴之处。地域差异导致植物生活习性的差异，湿地植物配置应结合不同的地域特征搭配不同的水生或湿生植物。在群落改造的前期，水生植物以挺水植物和漂浮植物为主，中后期可根据水质的改善程度，适当引入部分沉水植物，以维持底泥的基本稳定。湿地植被恢复时植被选择的标准应依据前期调研的乡土植被情况，挑选生长、繁殖和适应能力强的优良品种，参照原有的湿地生态系统模式，对其进行恢复、重建，尤其在恢复过程中尽量避免引进原湿地生态系统中没有的物种，以免造成外来物种入侵的严重后果。对受外来物种影响较为严重的地区，应采取强行清除、修剪其他植物或改造小地形等措施对其生长进行控制。

城市湿地公园植物群落恢复应当尽量利用原有湿地生态系统中的植物类型，构造原有植被生态系统，避免外来物种入侵。可以根据其去污能力选择植物类型，一般而言，沉水植物＞漂浮、浮叶植物＞挺水植物；根系发达的水生植物＞根系不发达的水生植物。

（三）地貌

1. 湿地地貌恢复的内容

湿地土壤是构成湿地生态系统的重要因素，其最直接的表现形式就是湿地地貌，也是湿地存在的基本载体和其地学特征。湿地退化现象的出现通常都伴随着其地貌特征的改变或消失。因此，对湿地地貌的恢复同样是湿地生态要素设计的重要内容。对已经被填埋的原湿地区域，应采取有效措施最大程度地恢复原有湿地样貌，包括将已被人为拉直的湿地河道恢复为原有自然状态。在湿地地貌恢复过程中户外游憩区和公园服务区可以根据实际景观和旅游项目的需求进行地貌改造，不一定完全遵循原先的地貌特征。水陆交汇处作为两个生态系统的交汇地带，是两栖类动物、水禽等类型生物的重要栖息生境，物种丰富多样，但生态结构相对不稳定，容易遭到破坏。

2. 岸线的分类及设计方法

湿地地貌恢复最主要的措施是对岸线的设计。岸线设计的总体目标是打造不同风格的水岸效果。岸线按照构造可分为混凝土岸线、石砌岸线、自然式土岸等，按照透水性可分为硬岸和软岸。在湿地景观设计中采用较多的是软岸。

软岸是对原有边岸改造最小的设计方式，按照景观设计的要求对岸线空间形态和植物配置加以改进，以达到保持原有生态功能的前提下，对周围景观加以美化的效果。软岸具有多种不同的处理手法，主要为堆石式软岸、湿地式软岸、栽植式软岸等，其特点是和谐、美观、与周围景观过渡自然，但是不够稳定，易受周围环境影响，主要布置在人为活动较少区域。

硬岸相对于软岸更加稳固、牢靠、安全，但是往往人工痕迹较重，处理不当就会显得呆板、僵硬，不如软岸生动、自然。硬岸主要是为了方便游人与水亲密接触，例如亲水平台、木栈道等，为游客提供驻足观赏之处，更加人性化。硬岸也有不同的设计形式，码头式硬岸、步道式硬岸、平台式硬岸等。

（四）水岸

1. 自然水岸类型和价值

进过自然演替产生的湿地水岸主要包括低草滩、高草滩、泥滩、砾石滩、灌木滩、林木滩、沙滩 7 种类型，自然水岸存在的意义在于给各类湿地生物提供栖息地和觅食场所。一般来说，各类自然水岸能够吸引的湿地生物也不尽相同：低草滩和高草滩能吸引各类昆虫并为小型哺乳动物提供生存空间，同时也是一些湿地鸟类的筑巢地；泥滩、砾石、沙滩为大量的两栖类生物提供栖息地，也为鸟类等生物提供了觅食场所；而灌木滩和林木滩是湿地鸟类和众多大型哺乳类生物的聚集地。

2. 水岸设计

对于受人为破坏少，保留较完好的自然水岸应当基于现状，利用相应的土壤基质、植物进行稳固。而对于受破坏较重，完全丧失原有属性的湿地水岸应当进行重建式的人工设计。对水岸的重新设计必须尊重湿地水文特征，水流规律。重新式设计的水岸应当融入周边的湿地自然环境，不可对水岸形态随意改动。

同时湿地水岸设计不可使用人工硬质材料，例如混凝土、块石等。这些材料一方面削弱了水岸的生态属性；另一方面破坏了区域自然景观。以下介绍人工水岸设计的要素。

①正确的水岸设计方法是以湿地原有土壤、沙石等基质作为材料，建立一个包含各类湿地植物的水与陆地过渡区域。这种方式一方面能够创造各类以原生态水岸为模板的人工水岸，恢复水岸的生态功能，为各类湿地生物提供新的栖息地；同时能够利用相似基质和植物形成一种水和水岸的自然交接状态，收到良好的自然景观效果。当然，人工水岸的恢复必须针对周围环境和原有水岸类型来进行，设计类型上应保持多样性。

②水岸形态设计上应当结合周围地形顺应水流形成自然弯曲的形式，并做形态各异，充分考虑景观美学价值。同时，针对湿地的生态多样性，人工设计水岸应当根据需要设计一定量得异质空间，湿地内的永久性水道能够应付不同水位、水量的水岸系统，其底部要多孔质化，造出水体流动的多样性，以利于生物多样性的发展。

3. 水岸护坡处理

对于一些被破坏后水流冲刷又严重的水岸，需要进行护坡处理。护坡处理应选用自然师护坡处理方式。自然式护坡设计就是要求湿地公园的水体护坡工程措施要便于鱼类以及水中生物的生存，便于水的下渗与补给，景观效果也应尽量接近自然状态下的水岸。

（五）岛屿

岛屿在湿地中是一个特殊的生境存在。岛屿是指四面环水并在高潮时高于水面的自然形成的陆地区域。湿地中的各类岛屿构成湿地生态系统独特的生境类型，为湿地大量生物种群提供繁衍和觅食的场所。

1. 岛屿特征

（1）生境独特性

从生境特征上看，岛屿由于是被水包围而与其他陆地隔离的区域，其内部生态系统受周边环境影响较小，逐渐形成了具备自身特点的生态环境，如作为某些单一物种的聚集地。当然，岛屿生境的这种独立性是相对而言，其仍然处于湿地生态系统的一部分，和周边生态环境有着千丝万缕的联系，其生态系统的存在并不具有独立性。

（2）受人为干扰程度小

由于岛屿地理位置的缘故，城市土地开发和各类生产活动通常并不以岛屿作为重点，而是在拥有大片连续性土地的湿地边缘地带。而一般的人类活动也因地理上的不便很少直接涉及岛屿。因此，岛屿受到的绝对人为干扰较少，成了很多湿地物种为躲避人为干扰而趋向的避难地。

（3）景观特征

由于岛屿地理位置独特、受干扰程度小、生境独特性强。其具有较高的生态景观价值。岛屿的地形、植物、动物与周边浅滩、水生植物、明水面等共同构成一系列具有湿地特征的自然景观。同时，岛屿还常常被赋予一些独特的人文景观。对岛屿景观的开发有诸多成功案例，如杭州西湖中的小瀛洲、安徽太平湖中的鸟岛和蛇岛等。

2. 岛屿设计

由于岛屿在湿地中巨大的生态和景观价值，对湿地岛屿的恢复和设计是设计师的一项重要课题。

（1）原生态岛屿恢复

城市湿地中存在一些受到有限人为干扰，原生状态保持较好的岛屿。在实际调查中发现，这些岛屿往往被人工水堤、田埂等简陋交通设施与外界连接在了一起。这些交通设施的建立可能源于周边居民有限的生产活动。但岛屿内部并未受到较大破坏，岛屿地形、植被等保存较为完好。但岛屿中的一些动物种群受到一定影响。对于这类岛屿，首先应当拆除与外界联系的交通设施，恢复岛屿的地理特征；其次对于遭破坏的植物群落进行人工引种健全。此外，不进行其他的人工改造。意在通过自然生态系统的自身调节功能恢复区域生态。

同时，对这类岛屿的恢复工作还需针对周边环境，如浅滩、水生植物等。因为岛屿恢复是一个生境恢复过程。其生境存在受到周边环境的影响，是一个一体化的结构。设计师在进行岛屿恢复时需也应当进行对周边自然环境的保护工作。当然这类人工改造工作应当是十分有限的。

（2）人工岛屿选址

人工岛屿设计的选址是进行岛屿设计前的重要工作，主要针对两个方面。

①基于原地形的选址，即对一些原本存在后因城市土地开发而造成岛屿消失的地区进行重新地岛屿建设工作，这类人工岛屿的建设在岛屿形态、岛屿面积、岛屿地形上必须与周边自然环境协调，参照类似的原生岛屿，切不可盲目设计。否则可能无意间破坏周边生境斑块平衡或造成某些生态廊道如鱼道的破坏。

②针对城市湿地区域生态恢复问题较重的地区。城市湿地往往存在诸多被人为影响较深、自然环境受破坏较重的区域。然而这些区域的人为干扰因素却很难短时间内受到控制。如城市湿地边缘地区很难控制周边居民的进入。对这些区域的生境恢复和野生物种吸引可以适当运用岛屿的模式。因为，岛屿地理位置的特征是岛屿生物与周边人类干扰之间的一道屏障，对于一些急需通过恢复生物群落来建立稳定湿地生态系统的区域，岛屿无疑是最好的选择。

（3）岛屿生境塑造

塑造生态的岛屿生境是进行人工岛屿设计的目的。对岛屿生境的塑造主要需考虑四个方面的问题：岛屿的形态、岛屿面积、岛屿地形、岛上植被。

①岛屿形态。一般来说，基于减少人为干扰的岛屿形态设计应当以类似圆形或正方形为主。因为单位面积的这两种形状岛屿在空间上向外延伸较小，与周边环境的接触面较窄，因此受到的外界干扰也较少。同时，单位面积的这类形状的岛屿将有更大空间形成一个内生境，即存在于岛屿内部，由地形和植被在空间上与外界隔断的生境系统。这个生境可以为大量岛屿生物提供遮蔽性良好的栖息地。而相对的长条形的岛屿在空间上延展过多，且内生境的形成较为困难，生境面积也相对较小。在考虑生境问题的基础上应尽量将岛屿边缘线性弯曲化，以增加岸线长度创造更多水岸栖息。如此亦可扩大浅滩的可塑面积，

种植水生植物加强区域的水质净化能力。

②岛屿面积。岛屿面积的考虑是基于湿地斑块大小的原理。依据斑块大小原理，大斑块中的种群比小斑块大，因此物种灭绝概率较小；更大面积的自然植被斑块可保护水源和溪流网络，维持大多数内部种的存活，为大多数脊椎动物提供核心生境和避难所，并允许自然干扰体现正常进行；大斑块生境多样性更大，比小斑块含有更多物种同时大斑块内部生境较小斑块也更加丰富；但小斑块可以作为物种迁移的踏脚石，并能拥有大斑块中缺乏或不宜生长的物种。因此，在通常情况下，只要环境允许，人工岛屿的面积应当以大为宜，之后考虑在周边建立一些作为生态廊道，并体现生态异质性的小面积岛屿。这样做能够发挥更大生态效益；同时不同面积岛屿的组成能够创造更自然，更多样性的湿地生态景观。

③岛屿地形。由于湿地水文情况是富于变化的，因此岛屿地形首先要考虑湿地中的年最高水位和年最低水位，应当保证作为种植和陆上生物栖息地的岛屿区域地形高于年最高水位线，确保岛内生境的稳定性；同时为创造岛屿内生境，建议岛屿的地形在某些区域能够形成围合结构，形成遮蔽性较好的空间；设计师在塑造岛屿地形时还需考虑与周边环境的契合度，平坦地区的岛屿地形变化不宜过大，否则会造成自然景观上的不协调。

④岛上植被。岛屿的植被种群类型决定了之后形成的动物种群类型以及最终建立的生境类型。岛上植被的种植首先应参照周围的环境，通常的做法是做到与周边环境植物种群类似。但有时也应该考虑生态异质性，如周边环境中的植被以草本植物为主，为吸引更多种类的鸟类。可以在岛上适当种植杂木林，提升区域的生物多样性。植物的引种上尽量以本土植物为主，防止外来物种入侵。此外，岛上植物的种植也应尽量符合景观美学的标准，做到层次分明有致，四季植物搭配合理等。

除了以上四个主要方面的问题之外，实际中岛屿生境设计还常受到土方、资金等方面的限制。设计师需要进行完善的前期评估，以生态性设计为重，逐一把握各项问题的关键。

（4）岛间关系分析

岛间关系的实质是一种相邻斑块之间的关系，主要研究问题是岛屿生物群落与周边环境生物群落之间的关系。包括相邻岛屿之间，岛屿与周边陆地之间的关系等。设计师对岛间关系的分析其实是对岛屿生境塑造的一种延伸。因为湿地中的大多数岛屿无法形成完全独立的生态，其始终都是与周边环境相牵制的。因此，人工岛屿设计必须考虑到需要针对周边环境创造怎样的岛屿生物群落，并在相邻斑块之间建立生物移动通道。

①建立连续性关系。即仿造周边岛屿或陆地生物群落建立新岛屿中的生物群落。这种做法能够扩大相应种群的规模并增强群落稳定性。但前提条件是周边环境的有足够对类似群落的承载力，例如足够的食物来源等。

②建立异质性关系。另一种岛屿生物群落的选择是引入同一块湿地内不同的生物种群，目的在于建立更有弹性的食物链结构，增加区域物种多样性。当然这种做法必须有类似的环境前提，防止群落结构不符合自然规律。

此外，有时可以在岛屿与外界环境之间建立一种半开放的联系。例如，岛屿和岛屿之间建立低潮水位时的裸露地面，可以帮助岛屿生物的迁移又不完全破坏岛屿的地理特征。

（六）地形

1. 城市湿地公园地形塑造原则

（1）灵活运用原有地形

自然状态下形成的土地形状，对于当地环境的稳定具有重要作用。对于原生地形遭到破坏的湿地区域，选择适于生物栖息的地形是环境设计和恢复的基础。但是，对地形的塑造在城市湿地公园的一些有人为活动的区域如湿地边缘区域也需要考虑合理开发和规划的需要。事实上，湿地中原有地形基本属于不适合人工建筑和道路体系的结构，对相关土地的开发需要在不损坏土地性质的前提下灵活运作。

（2）最低程度的改造

通过对湿地原地形最低程度的改造，解决各类设施和生态问题，是最成功的利用地形的设计。湿地自然风貌是依照自然规律在形成视觉效果的绿色景观。因此，对自然最小的破坏是应当附加在地形设计上的前提条件。事实证明，对城市湿地公园的生态景观设计由于要做到整体协调和区域改造，小规模的改变自然甚至破坏是不可避免的，但这类行为并不会对生态造成危险，因为自然生态系统具有自我修复的能力。

（3）采用区域自然式造型

大自然是一幅巧夺天工的图画，自然形态的山体、河流都属于大地的自然造型。区域内的自然造型可能给人们带来各类不同的感受，如开阔的草甸能给人一种舒适感、山崖与激流能给人以紧张感。设计师们在设计湿地中各区域的地形时应当采用当地的主体自然造型契合周边的自然景观氛围，以免造成不必要的不协调。

2. 基于生态考虑的地形设计

设计师们应当仔细去观察湿地的微地形，从中了解湿地中的山丘、平地、低洼地等保障着湿地丰富的生物栖息地。这些都是自然演替的结果。如果无视生态系统而随意改变地形的话，例如将原本曲折的水岸改造成人工的直线性驳岸，使用硬质铺装对这些地块进行改造，会造成土地自然景观形态和生态功能的毁灭。

在被破坏了的城市湿地中塑造生态的自然景观可以通过地形设计来实现。例如在被垃圾、瓦砾等破坏了的地块，用土壤加以覆盖营造出人工山林；在裸露土堆周围利用水、植物、石头等营造出自然状态的动物栖息地等。遵循这些自然秩序的自然恢复技术运用是城市湿地公园地形设计的基本方法。

3. 对土壤的运用

湿地的表层土壤是极具价值的。一般来说，经过长久年代形成的表土，是含有植物生长所需要的重要的营养成分以及分解所必需的微生物的宝库。但是，生土，即下层部分的土壤属于地质学的土壤范畴，而非具有多种有机物的生物学范畴的土壤。因此，植物的生长就比较困难。

在此认识的基础上，作为在进行地形塑造时表土的保护方法。可以采用在土地建设的时候暂时将表土储存到别处，之后再恢复到原来状态的方法。此外，对于一些条件恶劣的土壤可以利用开发的机会采用各种各样改良的方法使之接近自然土壤。

由于土壤的性质关系到其上可生存植物的种类和对周边水质的影响，因此在进行人工水岸修复、岛屿建立时应当分析周边土壤的性质，之后利用类似土壤进行作业。在进行湿地土方作业时，必须了解不同层次土壤的性质，挖土的深度尽量不触及生土层，以防止湿地土壤中碳素过多挥发进入大气。同时尽量做到挖、填方平衡，保证湿地总物质能量的稳定并节约土方成本。

（七）植物

植物是城市湿地公园生态系统的重要的基础要素之一，也是构成是湿地公园软质景观的主体之一。城市湿地公园正是因为具有丰富的植物资源，在改善城市空气环境，调节湿度，缓解城市热岛效应方面起到了重大的作用。在湿地公园中应重点设计湿地植物，让湿地植物发挥其不可替代的水质净化等生态功能，营造出具有特色的湿地植物景观。可利用挺水植物、浮叶植物、漂浮植物、沉水植物丰富水体空间的立面效果。挺水植物的花期长，花色通常艳丽，具有良好的视觉冲击力，在湿地当中应充分利用挺水植物的景观特性加以利用，展现湿地植物景观之美。浮叶植物也可打破水面的单调之感，对景观立面改善的效果相比挺水植物稍弱，但其叶漂浮水面可以对水里的动物起到遮蔽作用。漂浮植物枝叶虽然没有挺水植物的立面效果强烈，但可以作为鱼类等的食物来源。但是漂浮植物由于缺乏根系对植株的固定，会随水流飘动，景观效果不稳定，因此需要用盛载的器具加以固定。

1. 湿地植物种类选择

人工引种植物的选择首选要针对当地的气候和气象条件，保证引种物种的存活和生长状态良好，尽量以乡土植物种类为主，防止造成物种入侵。同时选种时应当以生态效益为先，景观效益为后，尊重当地原生态的植物群落样式进行物种选择，不可为植物景观而创造植物景观。湿地植物种类可大致分为陆生植物和水生植物两种。

（1）水生植物种类的选择

一方面要考虑其水质净化的能力以及针对性的生态和景观效益。例如，芦苇具有很高的水净化功能，同时大面积芦苇群落能够为多种鸟类提供筑巢地，而芦苇的景观效果也极佳。

（2）陆生植物种类的选择

同样以对周边环境的契合度为首要考虑，在进行生境创造时选用各类能够提供生物栖息场所以及直接或间接提供食物的树种。例如，一些草本植物能够为小型啮齿类动物提供食物，而肉食性鸟类如猫头鹰又以这些动物为食；各类果树林可以吸引相应的野生鸟类，同时不应忽视一些景观树种的选择。

2. 种植设计理念

评价一个湿地植物种植设计好坏的重要标准首先看设计是否展示出与周边环境密切的地域关系，即因地制宜，适地种树。拥有密切地域关系与否决定了种植是否体现出形成栖息地、净化水质、稳固水文等一系列生态价值。

但同时必须指出的是，湿地公园的种植不但要针对自然，还需针对人类，种植是一种保持环境舒适性和优美性的活动。在环境问题日益凸显的今天，很多问题被夸大了，完全回归于自然的方式是缺乏人性化的，往往也是不舒适的。例如草本植物的泛滥生长会带来蚊虫和对水资源消耗的增加。

3. 种植设计步骤

（1）现场调查分析

在种植设计中，首先把握种植地域的自然环境是十分必要的。具体来说，它们分别是作为植物的立地条件的地形、地质、水系、土壤、气象，和由此所决定的在此生长的自然植被、种植，以及与此相关的在此生长的动物等。并且还需进一步掌握城市文化环境，如城市市花、市树、周边娱乐旅游产业、文化、历史等。通过各类资料和现场调查，对应设计的目的、关键问题等进行明确。同时找到一些有代表性的自然植被。

（2）规划设计

在规划设计阶段，需要根据总体景观方针，在力求与地块的整体分区一致的同时，规划出只有植物种植的分区规划。种植的分区，要遵循由利用功能、造景目的等决定的功能分区和由作为种植中所使用植物的合适生长地的限制所决定的立地分区两项来进行规划。在完成了两项分区之后，进行整合形成一个综合的分区图。当然这个分区是一个较为机械的分区方式，实际的种植应当在此基础上把握每个细小的方面。

（3）管理规划

在种植规划中，我们需要特别地把握植物是具有一定区域性，以群落为单位进行生长的观念。设计师们应当构思出随着时间的推移植物的生长和演替过程，对之后的景观做出预期的描述，并制定相应的管理措施。

（八）驳岸

在水体驳岸的设计方面，由于时代的不断进步，生活在城市中的人们越来越注重环保与生态，社会发展过程中常常使用的水泥混凝土以及一些石砌挡土墙的硬质河岸慢慢地被只依靠自然土质的自然式驳岸所代替。自然土质的驳岸有调节和交换水岸与湿地水分的作用，在抗洪强度上也比混凝土墙要好，而且还能够改善湿地景观、恢复生态平衡。

驳岸的要以一种宁圆毋方的方法来处理，自然界中的直线比例远远小于曲线，如果一味地追求简洁，而忽视了自然界的存在方式，势必会带来怪异的感觉，会使景观看起来呆板、不自然、缺少生气。因此，要增加节点的趣味性和观赏性，可以尝试多做些曲折、弯度的效果。

防汛墙的设置也是一个不可忽略的要素。在改造上海外滩的时候就将防汛墙的高度做了一些增加，同时也加宽了车行道，增加了停车场等设施，增加防汛墙是为了预防特殊的洪水，但是，高防汛墙建好后，也阻断了水和城市的联系，亲水的感觉随着防汛墙的增高而消失了。而对岸的浦东，采用完全相反的方法，利用高度差，后移防汛堤，将停车场设置在下面，地表形成一个斜坡伸向江面，游人可以很近地靠近黄埔江面，是亲水设计的成功的典型案例。

生态驳岸不仅具有护堤、防洪等实际功能，同时在湿地水体与陆地边缘空间之间的能量交换和生态平衡方面有着明显的优势。主要有以下作用。

①滞洪补枯。生态驳岸都是采用自然材料，对水的渗透性好。在枯水期，地下水可以透过生态堤岸反渗入人工湿地，起到补充水量、调节水位的作用。丰水期，湿地水体可以向堤岸外的地下水层渗透，降低洪水位。

②净化水体。生态驳岸植物根系可以吸收降解来自湿地地下水中的污物，驳岸的松散的泥土结构也可截留水体中的杂质，起到过滤水质的作用。

③增强参与性。根据人们喜爱接近水体、亲水的行为特点，在生态护岸设计中可加强人们对滨水边缘参与性的设计。充分挖掘湿地水体与陆地边缘空间的景观特色。为人们的亲水行为提供景观空间。

④自然形态美。周围的植物群落十分丰富，生态驳岸的土壤、水分条件为湿地植物提供了良好的生长环境，形态上也呈现出更为健康优美的造型姿态。护岸景观是湿地公园形象的一个重要组成部分，良好的护岸景观形态成为展示健康湿地景观的窗口。

二、人文要素

人文要素包括一些历史的遗迹和一些各个时代的文化景观等，虽然并不是湿地公园所必需的组成部分，但由于我国的特殊国情，人文要素对于提升湿地公园的文化氛围与人气具有很大的作用。

可持续是生态设计发展方向，可持续不仅仅是材料的可持续，更重要的是精神、文化的可持续。将历史文脉、场所精神和地域文化表现出来，在景观中传播和发扬，是创造可持续生态景观的重要方法。人文要素的设计是建立在对历史文脉、场所精神和地域文化深刻理解的基础上的，只有正确把握其精髓，才能使人文要素的选择与运用更为恰当，与环境更加融合，提升整个公园的文化内涵。

（一）历史文脉

所谓城市的历史文脉，是指城市中所有与历史、传统、文化有关的东西。城市湿地公园的生态景观设计将历史文脉赋予了新的时尚气息。对城市文化的发展和形成有很大的促进作用，成为现代城市文化所不可缺少的有机组成部分。历史遗迹、历史名人、历史传奇、历史档案都可以通过拾取、解构、重组反映在有生命、有形体、有质感的景观设计中。城市湿地公园所蕴含的历史文脉和长期积淀下来的传统文化是湿地的“灵魂”。现代城市湿地公园生态景观设计，蕴含着丰富的历史文脉，在吸引人们观赏的同时，更指引人们用心灵去感悟、思考、深掘其文化底蕴，倾听熟悉的“乡音”，体会湿地在历史的长河中积蕴的文化气息。

（二）场所精神

场所和人一样具有自己独特的性格和内在的精神，具有特殊的气氛。在传统景观设计中，场所往往是无意识地使用地方材料和地方工艺来显现其内在精神，将历史和神话联系起来在景观设计中加以表现，这是人文要素表达的重要途径之一，其目的是实现自然湿地与人工景观之间能量的传递与感知的交流。湿地空间通常具有较强归属感和文化意义，是景观形式背后的精神载体。空间中的场景都是有故事的，其内涵与城市的文化、传统、历史、民族等一系列主题紧密相连，主题的多样化使得城市湿地空间的意义更加丰富、充实，为空间中的人们创造一个回归个体，寻觅昔日时光的场所。城市湿地公园的场所精神是一种整体的氛围，游客在参与的过程中无意识的获得的一种体验。

（三）地域文化

地域文化是湿地景观设计生存、生长的土壤，不同的地域之间存在着文化的差异，它们广泛地体现在景观设计的概念、分区、意境中。湿地景观在一定时期内形成的特色又会积淀、留存下来，成为地域作用的表征，进一步强化、形成新的地域的特性。

以地域特征明显的水稻、小麦、芦苇等元素为例，它们生长在全国各地，不同地区种植的品种、周期、质量也各不相同，它们折射出了不同地域之间人文、水土以及劳作习惯等诸多差异。上海后滩公园中，使用传统的乡土植物，力图营造春天菜花流金、夏时葵花照耀、秋季稻菽飘香、冬日翘摇铺地的都市田园景观，以唤起大都市生活下对乡土农业文明的回味。在逐渐远离农村、土地的现代城市，将水稻、小麦等地域乡土植物与本应强烈对比的现代设计语言相结合，能够营造出独特的现代生态景观，体现地域文化、传承地方特色的同时倡导回归本土的设计理念。这无疑是地域文化在湿地景观设计中的价值体现。

三、交通要素

交通要素是一个湿地公园的骨架，是设计景观节点、功能分区的重要依据。与一般公园的道路不同，城市湿地公园的园路系统不仅要保证景观的通达性和便利性，还要保证对生态环境形成最小的干扰。保护物种多样性的同时，满足游客休闲、娱乐的需求，对于湿地公园综合效益的提高具有重要意义。

（一）空间形态

空间形态是塑造湖泊、河流、沼泽景观有机规律的具体表现形式，是湿地公园各个景观要素得以串联的现实承载要素。湿地公园的空间形态主要有水路和陆路两种形态，其中水路形态是游人近距离观赏湿地、体验湿地的重要形式，但是其受水深、水量、水速的影响较大，同时还需要考虑水上交通工具的运行对水生植物及沿岸生态情况的影响。

另外，湿地位于水路交界处，由于其本身环境的特殊性，道路建设的形式不能遵循一般道路的处理方式。尤其是在重点保护区中，每条道路的设计都应该考虑珍稀动物的繁衍地，切断这些区域与周围环境的联系，通过道路限制游人的活动，使游人与重点保护区域保持适当的距离。湿地公园中道路的类型、尺度、布局、材质等都需要充分考虑对周围环境的干扰。

（二）路线选择

湿地公园中的路线选择，尤其是主干道，是一个有别于道路两侧生境的线性廊道系统。如果仅从景观美化的角度进行道路的选择会加快斑块破碎化程度，影响动植物生物群落稳定。所以道路的选择和形式应十分慎重。另外，景观破碎度是衡量生物栖息地优劣的重要因素，湿地公园中应该避免频繁出现道路的分割，否则会造成景观破碎度的加剧和生物栖息地环境的破坏，使得物种的种类与数量急剧下降。

因此，湿地公园中的道路选择和道路形式应该遵循以下三点：①尽量减少道路穿越生物栖息地，避免斑块破碎化；②道路应尽量避免形成围合，防止对动植物生境产生分割；③道路最好应回避重点保护区。

四、设施要素

设施要素在城市湿地公园中具有观赏、使用、宣传等作用，按照其功能性可以分为观赏型设施、交流型设施以及便利型设施，其自身的设计受材质、色彩、形态等要素的影响，通过一个景观设施的塑造，可以使空间范围内的景观品质得到很大提高。

（一）色彩

1. 色彩的概念

色彩是空间环境中首先吸引人目光的元素，不同的色彩能够引起人们不同的情感，比如红色会让人感觉热情、温暖，蓝色则让人感觉安静、沉稳。

生态化景观设施的色彩选择应当考虑如何使色彩与其功能和特质相吻合，如何让色彩与设施的造型和质感想吻合，最重要的是考虑如何使其服从于整个大环境的色调，与之融合。

2. 色彩景观理论

（1）色彩地理学理论

20世纪60年代，法国著名的现代色彩设计大师、色彩学家让·菲力普·郎科罗（Jean Philpe Lenclos）提出了色彩地理学，它是一种实际运用的色彩理论学说。20世纪70年代，随着工业社会的发展，郎科罗察觉得色彩保护问题应该得到一定的重视。他认为建筑色彩受到自然地理和人文地理两方面的影响。地理环境对人类社会的发展也起着重要作用。特定的地理将形成一种特定形式的地理环境，不同的地理环境将影响不同的气候、种族和习俗的产生，甚至产生不同的文化传统。因此，这些不同的社会因素导致了不同的色彩性能。

（2）色彩心理学理论

色彩本来只是一种物理现象，但随着人们生活阅历的不断累积，慢慢对颜色产生了不同的情感，因此，尼古拉斯·金·达莎比亚提出了“色彩心理学”这一学说。人们把视觉内的色彩通过形象思维产生出一种感情联想，从而形成了一种特定的心理反应。色彩既是人们生活中的一种刺激和现象，又通过一种反应和行为将人们的情绪体现出来，因此色彩具有两面性。

换句话说，色彩心理学就是人们随着生活阅历的丰富，将心理情绪通过生活中遇到的各种颜色而反映出来的一门学问。它既属于心理学的范畴，又属于色彩学的范畴，学者们常常根据自己所对应的领域而对其进行研究。人们的心理感受常常因为色彩的不同而有所不同。

人们通过色彩常常反映出以下几种特殊的感觉。

①色彩的温度感。不同的色彩会使人们感受到不同的温度。在色谱中，温度感由色彩的冷暖色调来决定，暖色调使人感到温暖，冷色调使人感到寒冷，而中性色彩让人感到温度感适中。因此，在园林植物搭配中，春、秋季节采用暖色花卉，夏季采用冷色花卉，就是通过色彩温度感这一原理来设计的。在夏季，常种植绿色、白色等植物来解决冷色系植物较少的问题，因此我们常常会看到绿树成荫的景象。

②色彩的距离感。人们常常对不同的颜色感受出不同的视觉距离。通常会觉得暖色调的颜色离得要近一些，冷色调的颜色离得要远一些。在园林应用中，

常常通过这一原理使冷色系植物营造出景深效果，从视觉的角度把景物加深拉长，给游客一种深远的视觉效果。

③色彩的重量感。色彩的重量感由不同的深浅颜色而决定。一般情况下，颜色较深的色彩其重量感较强。在园林应用中，通过给景物的底部赋予较深的颜色，会给人一种根基牢固的感觉。

④色彩的面积感。通常情况下，亮度越高其面积感越强，而对于同一色相来说，面积感会随着饱和度的降低而减弱。在园林应用中，水面、草地和裸地的色彩面积感依次降低。

⑤色彩的运动感。一般来讲，颜色饱满、亮度较亮的颜色感觉有运动活力一些。当两个互补的颜色碰撞时，运动感最强。在园林中，可以通过不同的色彩运动感来营造宁静与喧闹的环境。

（3）色彩四季理论

“四季色彩理论”这一学说是由色彩第一夫人、美国的卡洛尔·杰克逊提出的。随着时尚界对色彩的应用，“四季色彩理论”也慢慢地运用在了国际时尚界中，服装设计师们把能够体现四季色彩的颜色放在了他们的设计作品之中，透过世界各国女性的穿着特点，就能知道“四季色彩理论”正在发挥着它的作用。“四季色彩理论”根据自然界中四个季节所呈现的颜色特点，把生活中人们常见的各种颜色分为了四个色彩群，并将这四个色彩群分别取名为“春”“秋”（它们属于暖色调）和“夏”“冬”（它们属于冷色调）。比如春天和秋天是色彩群分别体现了春天花红绿和秋季硕果累累的景象，而夏季和冬季的色彩群则分别体现了夏季水天一色和冬天白雪皑皑的景象。在城市湿地公园中，通过“色彩四季理论”将园林植物进行冷暖色的搭配设计，就形成了既富有深刻寓意、又具有视觉美的色彩景观。一年四季时时有景可观，而处处景观不同。

2. 色彩搭配原则

（1）色彩对比原则

色彩的对比是两种或更多的颜色在空间范围内相比较时产生差别的视觉效果。根据色彩的三要素可将色彩的对比分为色相对比、明度对比、彩度对比。色相对比以色相的差别为主，包括同类色、相似色、相近色、对比色和互补色的对比。以明度差别为主的对比称为明度对比，分为短调、中调和长调；以饱和度差别为主的对比称为彩度对比，分为弱对比、中对比和强对比。

（2）色彩调和原则

色彩的调和是把两个或更多的颜色，有序地组织在一起，形成一个和谐的视觉效果，也可以说是这几种颜色的同化效果。色彩的调和由色相调和、明度调和、彩度调和与无彩色调和组成。色相调和与彩度调和很容易达到色彩调和的效果，而明度调和的效果则要取决于明度值。孟塞尔色立体上，将黑白灰进行调和，就形成了无彩色调和。从概念上讲，色彩的对比与调和是两个相互对立、完全相反的过程，但是在色彩的搭配过程中，色彩的对比与调和却往往需要相互配合才能实现。只有通过色彩的对比与调和，才能将不同的景观呈现出和谐而又有艺术美感的视觉效果。

3. 色彩要素分析

（1）动物色彩要素

动物的颜色是其生来具备的，属于自然色彩，不会因环境的改变而改变。动物的色彩大多数都是明度较低的颜色，容易融于其生活环境，为觅食和生存创造了有利条件，也可以认为是动物的保护色。在城市湿地公园中，动物的颜色为它生存的环境增添了几分色彩。

（2）植物色彩要素分析

湿地公园景观色彩中，植物色彩是其中最重要的体现。根据四季的交替变化，植物色彩景观营造出的是以绿色为基调，配以明显的季相变化的色彩作为点缀色的景观效果，让人感受到色彩的变化。

①叶色。在植物的搭配中，以绿叶植物为主，适当配有彩叶植物进行调和。因此，植物的叶色以绿色为主，少数的彩色叶片点缀于其中，植物叶片颜色随着季节交替和生长期的变化特点，而形成变化多端的彩色叶色景观。

②花色。花色的变化在植物色彩变化中起着决定性作用。花卉的颜色是植物色彩中最丰富的，一年四季中，随着季节的交替和花期的不同，会有很多不同种类和颜色的花卉盛开，以它们绚丽的颜色散落在一片绿色当中，与绿色形成色相对比，犹如天空中闪烁的繁星，营造出四季皆有景观的效果。

③果色。果色具有极高的观赏价值。因为果实具有丰收的象征意义，而园林中硕果累累、丰收的景观效果则是通过果实的颜色展示出来的。因为果实存活的时间比较短，犹如昙花一现，所以以果实颜色为景观的应用在湿地公园色彩景观中设计相对较少。但是，正因为果色景观应用较少，一旦有它的出现，那么一定会是一个绝佳的景色，让人流连忘返。

④干色。除了花、叶、果实，植物的枝干色彩在色彩景观的应用中也占据着重要地位，如紫竹、白皮松、金竹等。枝干景观是一种特别的植物景观，基本上都具备竖向发展的视觉效果，因此给植物景观又增加了一些立体效果。

植物色彩季相变化的景观效果，不仅能使公园动静结合，带给游客四季不一样的惊喜，更能顺应自然，“花开花落”“零落成泥碾作尘”，不需处处是盛景，处处自然便是景。

湿地公园中的植物色彩景观，是一个由植物的叶片、花朵、果实和枝干共同组成，随着季节的变化而不断变化的运动型色彩景观。因为它的生长发育属于生活的自然现象，而它的造型和配置又需要人工来辅助，所以它是自然美和人工美的结合。

（3）建筑小品色彩要素分析

①建筑色彩。在建筑元素中，人们常常通过色彩的渲染来传递丰富的感情、营造不同的氛围。不同的国家或地区都有着代表它们当地文化传统特征的颜色，如果将这些颜色很好地运用于建筑设计中，就能体现出不同的建筑风格。在城市湿地公园中，建筑景观是通过色彩和材质表达出来的。但由于受到主题定位、设计风格、地理位置以及气候条件等因素的影响，所营造出的建造景观视觉效果会有所不同。但是万变不离其宗，建筑色彩的搭配是否得当，直接从湿地公园色彩景观的整体效果是否美观、是否赏心悦目，便可以体现出来。

②小品色彩。在园林中，服务于游客的设施叫作园林小品，包括了灯光、装饰、展示等相关设施。每一个小品独特的色彩都是由设计师们根据它的功能、位置以及主题等特点来赋予的。装饰性小品的用色上基本上都是选择的与景点主题比较匹配的颜色。坐凳、园椅、遮阳伞、花台、树池、台阶边缘等都属于休息类的小品，此类小品在颜色的选择上不仅要体现出它的作用，还要考虑到游客们的心理感受，给人们创造出一种平静、舒适的环境。公园内的各种灯饰属于具有装饰作用的照明类小品。

在它的色彩赋予上，与装饰性小品的用色特点大体一致。洗手台、栏杆、垃圾箱、小卖部等都属于服务类的小品。应该把实用性和服务性体现在这一类小品的色彩设计中。导游牌、标识、说明牌等属于展示性的小品，在游客游玩过程中起着指引作用，它们的色彩应该与所处的环境相符合，常运用色彩的调和来进行颜色搭配。

（4）水体色彩要素分析

在阳光的照耀下，原本具有不同的面积和深度并且无色透明的水体，被赋予了不同的颜色，形成了丰富多彩的景观。一般说来，河流的颜色是浅灰色的，湖水的颜色是绿色的，而海水的颜色是蓝色的。水体色彩景观是游鱼、植物、建筑、天空的颜色与水体的颜色相结合的，它们的颜色与水体的颜色形成对比，使水体的色彩景观富有了生机活力。水体的形状通常包含了规则式和自然式两种形式。规则式水体属于人工景观，它的景观效果通常是通过人工造景加上灯光设计共同体现出来的。溪涧、河流、瀑布、湖泊等都属于自然式水体。此类水体的设计往往遵循原本的自然形态，将其置于周围环境和背景之中，根据它的自身特点来营造出不同的色彩景观效果，比如水中的蓝天、高山的倒影。湿地公园中的水体大多是根据当地原有的自然条件和地理环境改造出来的，所以基本上都属于自然式水体。

（5）地形、山石色彩要素分析

城市湿地公园的地形所表现出的色彩，大多数是由土壤和植被的色彩组成的，随着它们所处的地理位置的不同而有所不同。裸露的地表泥土颜色呈棕色和黄褐色；而地表被植被所覆盖的部分，是覆盖的植被颜色，通过进行适当的搭配植物来形成不同的色彩景观。湿地公园中山石的选材都是自然石材，包括砂石、卵石、石板等，色彩种类不多，大多是灰色、灰白、灰黑、灰绿、褐黄和褐红色。这种纯天然的自然元素，也要靠人工的辅助才能达到预期的效果。人们把它们从千万块石头中选出来，根据它们的材质和色泽进行打磨加工成需要的造型，再通过人工的渲染和色彩的调节来完成的它的颜色赋予。绿地景观石的具体配置应结合周围的植被、水体和小品，根据设计意图、自然环境和景观空间的性质，来选择景石的题材、体型和形态，并适当地运用色彩的对比和调和，赋予适合它们的颜色。

（6）道路铺装色彩要素分析

园林中的铺装，是通过色彩和造型图案来体现其设计效果的，而色彩更能起到画龙点睛的作用。在铺装的设计上，通过对人们的心理效应进行合理的色彩设计，可以打造出独特的铺装效果，营造出优美的湿地公园景观，让人赏心悦目。铺装的用色特点应该坚持局部与整体的统一的原则，进行色彩的调和来配色，不但要体现出个体的独有特征，而且还要与整体的景观协调一致，满足空间的划分需求。在保持铺装色彩平衡的基础上，有意识地通过色彩的对比原则加上一定的色彩变化，并对其进行空间分割，突出空间变化的重点。

因此，在道路铺装设计中，应该根据景点所表达的主题特点，来给铺装进行适当的颜色搭配。在湿地公园的铺装颜色选择中，黄棕色、黄褐色、冷灰色、暖灰色和黑色是几种最通用的备选颜色。

（二）材质

不同的材质给人不一样的触感和视觉体验，金属材料的冰冷、合成材料的绚丽、木质材料的质朴、人工石材的沧桑，材质通过本身的质地和纹理不断刺激着参观者的神经。材料的运用不仅能增加景观设施的视觉形式，还能丰富其使用功能，提高设施的质量和延长使用寿命。

材质的生态性设计主要体现在因地制宜，通过材质的运用使设施适应于所处的环境，对周围环境产生最小的影响。除此之外，还应该考虑材料的环保性，对于材料的拆建都应该从经济效益的角度考虑成本的节约，最终达到低碳节能与可持续。

（三）形态

形态是景观设施的主要特征，其余的设计要素如色彩、材质都是依附于形态设计的。点、线、面是构成形态最基本的组成形式，它们是创造新的形态的思维依据。点，是最简单的形态，能够形成是视觉的焦点和重心，点状的设施一般设置在中心位置。线，具有一定的延伸性和指引性，线条的造型容易让人产生丰富的联想，而面状的设施一般具有分隔空间的功能，能够创造不同的景观层次。景观设施利用点、线、面的不同组合，形成千变万化的形态，创造不同的美感。

形态的生态性设计首先应该考虑设施的形态与周围背景的融合，做到整体的协调美。其次考虑成本的节约，如何通过形态的设计传达一种生态理念和文化。

第七章　湿地公园生态修复的案例

本章围绕我国湿地公园生态修复案例展开，具体分为成都市青龙湖湿地公园和浙江德清下渚湖湿地公园两部分。主要内容包括：青龙湖湿地公园概况、设计原则以及设计目标、青龙湖湿地公园的功能分区设计、下渚湖湿地概况、下渚湖湿地的开发现状、湿地公园主题体验化模式的应用等方面。

第一节　成都市青龙湖湿地公园

一、青龙湖湿地公园概况

（一）项目背景

成都自古有着“天府之国”的美誉，历史悠久，文化底蕴深厚，是中国西南地区的地理中心，经济枢纽，四川最富饶成德绵经济区（还包括眉山和乐山）的中心，是古代为丝绸之路的重要节点，位于四川省中部，四川盆地西部，位于东经102°54′～104°53′和北纬30°05′～31°26′，东通长江流域，北通首都长安、丝绸之路，南进入东南亚南亚印度，西通往西藏。成都属中亚热带湿润季风气候区，热量丰富、雨量充沛、四季分明，地形地貌复杂，自然生态环境多样，生物资源十分丰富，河网密度大，有岷江、沱江等12条干流及几十条支流，河流纵横，沟渠交错，河网密度高达1.22 km/km^2，加上驰名中外的都江堰水利工程，库、塘、堰、渠星罗棋布。青龙湖湿地公园所在地为成都市十陵片区东风渠穿过区域。

成都市于2013年2月提出《成都市环城生态区总体规划》，提出了环城生态区的综合交通系统由快速交通、慢行交通和静态交通组成，将形成“快速通达、慢行体验、无缝接驳”的综合交通系统，提出了于环城生态区内规划“六大湖泊八大湿地”的战略目标，拟打造一条为市中心城区提供绿色生态的空间隔离屏障。

环城生态区的构建具有生态保护的重要意义，它是全市生态环境系统的重要组成部分，是中心城区最重要的生态绿肺，旨在建造以湖泊水系为特色的环城生态带，保护和改善中心城区的生态环境，防止城市连片发展，确保生态环境资源永续存在，促进生态文明建设和社会经济的可持续发展。与此同时，环城生态区还具有现代服务业与居住功能，为完善城市文化、体育、休闲、娱乐、旅游、居住，实现现代化城市形态、高端化城市业态、特色化城市文态、优美化城市生态相结合即“四态合一”，促进城市全面协调可持续发展起到了重大作用。环城生态区将利用绕城高速两侧的绿道串连起生态区内所有的湖泊和湿地，在环城生态区内形成满覆盖、网络化的绿道体系，并将环城生态区内的绿道体系与市域绿道系统连接，形成内外衔接、全域一体的慢行绿道网络。青龙湖湿地公园所在的十陵片区为成都环城生态带东南方向的一部分，将通过绿道与其余生态区相连，共同组成环绕成都市的生态绿环，将生态保护与休闲游憩相结合，既满足成都市民的日常游览需求，又为更广区域内的游览观光需求服务。

（二）地理区位

十陵片区位于成都市东南部，为成都东部新城文化创意产业综合功能区的一部分，紧邻环城生态区龙泉驿片区，绕城高速路内侧，该片区也是成都市中心城区内的核心风景名胜区。规划区位于十陵片区与绕城高速交界处，包括青龙湖和青龙湿地，总面积约 12.49 km^2。

（三）设计范围

根据《成都市十陵片区控制性详细规划》，对青龙湖湿地公园规划设计范围进行限定：十陵片区和龙泉驿片区位于成都市东南部，为成都东部新城文化创意产业综合功能区的一部分，北至成洛路，西至十洪大道和环湖道路，东至绕城高速防护绿带，南至成渝高速，包括青龙湖和青龙湿地，总面积约 12.49 km^2。

（四）前期调研及分析

成都市青龙湖湿地公园为十陵片区最大的城市湿地公园，青龙湖公园的建设共分为青龙湖一期以及青龙湖二期，青龙湖一期已基本建成，并于 2016 年投入使用，部分尚未开放仍在改造以及建设中，青龙湖二期正在建设之中，目前除场地内文物保护场所外，场地的清理、村镇企业以及拆迁等工作正在进行之中。

立足于城市湿地公园的生态修复研究，结合生态设计理念和手法，对场地的水系、地形、植被现状等进行调研，通过航拍、手机拍摄对现状进行记录并利用 arcgis 等相关软件进行辅助模拟，并进行分析研究。

1. 水系分析

（1）调研整理

整个青龙湖湿地公园基地内已形成丰富的水系，灌溉型水系东风渠自西北至东南穿过场地，全长共 5046 m，流经场地内的渠宽约 5 ～ 10 m。东风渠北侧为已投入使用的青龙湖湿地公园一期，包含原场地内存在的湖泊一青龙湖，水域面积约为 85.6 万 m²，湖面水域宽阔，视野开敞，湖面岸线较为自然，水湾多，形态蜿蜒，岸线形式多种多样，景观视觉效果良好，湿地区域及水陆交界区植被类型丰富景观异质化程度高，具备良好的生态功能；东风渠南侧以及东侧为青龙湖湿地公园二期，分布有大小不等鱼塘以及农田湿地。根据实地调研，现状池塘系统分三类：有水池塘、有藕池塘和干涸池塘，有水池塘大部分作为鱼塘，进行农业养殖使用，分布较为零散；有藕池塘大部分用于种植莲藕及其他水生植物；干涸池塘为原池塘水干涸导致，现状为开敞草地或菜地。场地内存在若干灌溉区，分布在农田及其周边区域。

（2）总结分析

根据现状情况，得出分析如下。

①可利用东风渠水资源进行水系的梳理，以东风渠为基础，顺东风渠水流方向以及水流趋势进行引水，于场地内部开拓若干支流，形成完整的水系统，以寻求亲水游憩景观设施构建的可能性。

②对场地内原有青龙湖进行最大程度的保护与保留，结合岸线形式，可适当进行改造设计，采用自然缓坡的驳岸设计来满足生态化的水陆过渡空间。

③青龙湖一期原有水系以及原有湿地已形成良好的湿地生境，结合上位规划的要求，顺应场地肌理，利用地形改造设计的手段进行湖泊的扩建，将荒废的农田以及干涸的池塘打造人工湿地系统。

④对现状有水池塘及有藕池塘可进行景观提升，适当扩增水域面积，引入道路、构筑物及增加游憩场所，干涸池塘具有独特的下沉空间的特色，可作为下沉空间或者雨水花园处理。

⑤考虑场地内部水系成体系后的水质处理问题，结合水生植物进行水质维持设计，并合理地选择给排水口。

2. 植被分析

（1）调研整理

青龙湖湿地公园所处区域属于中亚热带季风气候，境内气候温和，空气湿润，日照充足，为植物生长提供了良好的条件。现状植被种类丰富，以林地及草地为主，存留部分菜地、果林、藕田、水田、花圃等农作物及经济作物以及部分旱地、竹林、灌丛；陵区周围种植大量的松树、柏树，各种植物竞相生长形成区域内多姿多彩的植物组团；植物多以松树、柏树，香樟、桉树、杨树为主，还有国家级保护物种水杉、银杏等。通过实拍、卫星图以及 gis 软件绘制将场地内现状植被大致进行如下分类。

（2）总结分析

针对现状植物保存较为良好的区域进行保留，形成植物的生态保育区，针对现状植物保存不佳或植物长势较差的区域，保留大树和林带的同时清理杂木或杂灌木丛；在植物的选择上以成都本土树种为主，适当引种；在植物配置设计上，根据功能分区的需求进行不同的设计手段，合理的间种以及乔灌草搭配，营造适宜的湿地生物栖息场所。

3. 高程以及土地权属分析

（1）调研整理

整个区域内丘壑起伏、湖水纵横，丘、渠、湖相间，西侧地势平缓，东侧有少量山地，高低起伏层次丰富，东风渠为高河堤，自西向东蜿蜒流过。场地最高处位于场地西南侧，海拔为 533 m，最低位于场地东北部，海拔为 498 m，高差共 35 m 左右，就场地整体而言较平坦，但在局部地区崎岖不平，农耕地、田埂地区有堡坎，池塘及一些低洼地区地形变化较为复杂。现状青龙湖区域空间开敞且平坦，湖岸线缓和，形态优美，顺应地势形成众多半岛，湖区岸线与水面高度均差 1.5 m 左右，滨湖渣坝地区部分为人工修筑石台阶，高差约 1 m 左右。除去青龙湖一期土地为市政公园类型土地外，其他现状土地大部分为农田、耕地，建设单位除历史文化保护单位外，还有部分村镇企业以及居民点尚未拆迁。

（2）总结分析

结合水系的规划进行地形改造，通过竖向设计配合场地内人工湖的扩建、微地形的堆砌、驳岸的设计以及植物的配置设计来打造完整的湿地生境，营造适宜湿地生物栖息的生境空间。

4. 湿地生物分析

（1）调研整理

青龙湖湿地公园区域范围内有着丰富的湿地生物资源，包含白鹭、白头鸭、苍鹭水鸟，鳖、蟾蜍等两栖生物以及鲶鱼、草鱼等鱼类。其中鸟类为最具特色也是数量较多的种群，据成都观鸟协会连续几年在青龙湖观测发现，青龙湖区域范围内的野生鸟类达 209 种，其中珍稀、易危、濒危鸟类达 29 种，国家一级保护鸟类 1 种，二级保护鸟类 14 种，协会在未来会以典型的湿地鸟类（白鹭）为指示鸟类来构建和评估栖息地。同时，青龙湖能为多达 60 种的雁鸭类、鸻鹬类、鹭类等湿地鸟类提供夏季繁殖、冬季迁徙越冬的家园。在调研过程中笔者发现有许多摄影爱好者来到青龙湖湿地公园进行鸟类的拍摄。

（2）分析总结

结合水系的规划以及植物的配置，为湿地生物营造适宜的栖息场所。根据湿地生物物种的多样性进行不同的针对手段，对于濒危的、重点保护的动物应当列入优先级考虑，合理地规避由人为干扰带来的影响。同时也结合湿地生物的生活特性和观赏价值，结合游憩行为进行景观设施的构建。

二、青龙湖湿地公园生态修复

（一）设计原则与设计目标

1. 设计原则

从成都环城生态带的建设背景出发，落实到成都市青龙湖湿地公园的规划设计中，对其生态修复设计有以下几点原则要求。

（1）保护原则

保护湿地生态系统的良性发展，前期充分地研究分析青龙湖湿地公园及其周边区域、甚至是更大范围的市域范围内的湿地生物习性，包括鸟类、鱼类、两栖类动物的种类，研究湿地生物可能与场地产生的交叉，探讨构建湿地生物生境环境的可能性，以提供湿地生物最大的生存空间，并对场地内原有生物的生活环境改变控制到最小，将人为活动对原有生物的生境影响降到最低，保护湿地生物的多样性。在设计过程中充分考虑青龙湖湿地公园及其所在地十陵片区边界的连续性，并尊重场地内的水资源、植物资源等，从而保证生态系统的完整性。保护湿地生态系统地良性发展，是为城市湿地公园产生生态修复效果的前提。

（2）合理利用原则

在设计过程中充分考虑到利用青龙湖的湿地资源构建生态修复的框架，利用场地内湿地水资源、植物资源以及动物资源进行水系统的规划、湿地植物资源的规划以及生物群落栖息地的构建，并通过地形设计、岸线设计、水质维持设计、植物配置设计、场地设计等一系列具体的设计手段来实现。

（3）协调建设原则

青龙湖湿地公园不仅需满足湿地风貌，而且还需满足本土文化特征，结合公园所在区域十陵片区的“明蜀王陵”“十陵”等文化资源以及旅游资源，在新的城市化建设背景下赋予城市湿地公园新的文化内涵。在湿地建设材料的选择上也尽量“就地取材”。

（4）安全性原则

在进行青龙湖湿地公园生态修复设计前，针对游客方面：应充分考虑到公园所在区域气候、地形地貌、水文、风向、季节性降雨等特征，把控安全隔离区域，处理好湿地的边缘地带，合理地设计安全台阶、安全护栏、坡度限制、残疾人通道等，对有危险区域应当注明警示标语，例如水较深的区域或季节性暴雨涨潮渔区应当基于警告标识牌，同时制造安全阶梯或安全护栏，隔离出安全距离，有效地保障游人安全；针对湿地生物方面：对待生物栖息地提供保护区域，防止游人活动的干扰，采取适当的隔离措施，也是人与动物和谐相处的基本条件。

2. 设计目标

参考《成都市环城生态区总体规划》《环城生态区形态控制规划》《成都市环城生态区保护条例》《成都市东部新城文化创意产业综合功能区总体规划》《成都市十陵片区控制性详细规划》《成都市健康绿道规划建设导则》《成都明蜀王陵保护规划》2006 年 11 月编制等上位规划，结合城市湿地公园生态修复策略、青龙湖湿地公园的实地调研，总结出青龙湖湿地公园的生态修复设计目标如下。

①保护青龙湖原有的湿地资源并进行合理地开发利用，适当保留原有的湖泊、河流、沟渠形态，进行合理地水系梳理和人工湖扩建，丰富岸线形式，维持良好水质；合理地改造地形使其呈现良好的景观视觉效果。

②保留原有植物资源并进行进一步的植物规划及植物配置，在保证良好的景观视觉效果和游憩体验的同时，也满足陆生、湿生植物的生态恢复工作。

③营造适宜的生物栖息场所，保护或改善生物所需的生境条件，针对不同

物种的湿地生物物种生活习性制定不同的针对性方案，通过具体的设计手段为其创造生存、栖息、繁衍和活动的空间。

（二）功能分区

功能分区是城市湿地公园规划设计过程中的重要阶段，根据城市湿地公园的定位、设计原则以及设计目标进行划分。城市湿地公园生态修复设计在规划阶段需要根据城市湿地公园的保护性原则以及保护范围出发，基于生态修复设计理念，结合人的景观、游憩、文化体验等各方面功能需求划分不同强度的功能区，从而为下一步的生态修复设计策略打下基础。

1. 设计依据

按照《城市湿地公园规划设计导则（试行）》中规定，城市湿地公园的规划功能分区与基本保护要求所指，城市湿地公园一般包括重点保护区、湿地展示区、游览活动区和管理服务区等区域。结合城市湿地公园生态修复设计原则以及设计目标，依托青龙湖湿地公园的定位，结合生态修复设计的保护目标，选取不同的侧重点对功能区进行详细划分。

目前我国的城市湿地公园类型多种多样，有原先是位于自然保护区内或无人类活动影响的原生生态湿地类型，也有由于人类长期活动而逐步演变的此生湿地类型，在漫长的演变过程中形成了风格迥异的特点，在开发目的、用地类型、水土环境、生态特征、人文风貌、保护等级等不同需求亦呈现出不同的功能划分情况。例如杭州西溪湿地公园，属集湿地风貌以及农耕文化为一体的城市湿地公园，属河流型湿地，兼具湿地资源保护、人文景观保留及展示、休闲娱乐功能，故功能分区划分为：湿地生态景观封育区、湿地生态保护培育区、湿地生态旅游休闲区以及绿色景观廊道区。例如香港湿地公园，属集资源保护以及湿地文化展示为一体的城市湿地公园，由于本身为浅海滩涂湿地，是兼具湿地旅游开发、湿地文化科普展示、补偿城市建设缺失生态用地功能，故功能分区划分为：休闲游览科普区（其中包括访客中心以及探索中心），湿地保护区（其中包括淡水沼泽、林地、观鸟区、红树林、芦苇床、人工泥滩、储水库）。例如绍兴镜湖湿地公园，属集生态旅游资源开发、科研生产需求、湿地资源保护为一体的城市湿地公园，是较为典型的淡水河流湖泊型湿地，故功能分区为：野生湿地鸟类繁殖科研中心、梅山山庄、十里荷塘渔猎公园、东浦古镇等。故根据湿地基底类型不同、城市湿地公园定位不同、使用强度不同有着不同的功能分区类型。如前文所述，城市湿地公园是从保护生态出发，在一定区域内保持其独特的生态系统并趋于自然状态，在尽量不破坏湿地生物生活场所的前提下进行各类辅助设施的建造，在最大化保护湿地原有资源的同时进行合理地开发利用，将保护、休闲、科普、科研等功能有机的结合，达到人与自然的和谐共处。从城市湿地公园本身出发，其最大意义在于保护性质，其次才是教育和游憩，故不能单纯地界定功能分区的划分，在此借鉴了国内外各种公园及保护区的分区模式进行比较，如表 7-1 所示。

表 7-1　不同功能分区模式比较

名称	模式
城市湿地公园	城市湿地公园一般应包括重点保护区、湿地展示区、游览活动区和管理服务区等区域
生物圈保护区	一般划分为核心区、缓冲带、过渡区
我国国家风景名胜区	生态保育区、特殊景观区、史迹保存区、服务区、一般控制区
美国国家公园（ICUN）	核心保护区、游憩缓冲区和密集游憩区
加拿大国家公园	野生保护区、荒野游憩区、密集游憩区和自然环境区
国家公园旅游分区模式	重点资源保护区、低利用荒野区、分散游憩区、密集游憩区和服务社区

针对表 7-1 的比对分析，结合城市湿地公园的湿地资源保护性质以及近年来国内外城市湿地公园、风景名胜区、自然保护区、国家公园等的功能分区，划分为核心区、缓冲带、过渡带区这一模式得到了广泛认可，核心区即保护力度最高的区域，等同于核心保护区、重点保护区、湿地保育区、封育区、野生动物保护区等保护力度最大也是人为干扰最少的区域；缓冲区即作为保护以及利用的缓冲地带，等同于湿地科普区、湿地游憩区、湿地示范区、鸟类观赏区等保护力度次之也是人为干扰较弱的区域；过渡区即安排管理服务等区域，等同于管理服务区域、访客中心、综合服务区等利用力度较大人为活动较强的区域。三种过渡的分区形式也被认为是适用于生物多样性的分区模式，因此，城市湿地公园的分区模式亦可遵循该思路，根据不同的保护需求以及保护力度来进行分级分区。

按照我国的《城市湿地公园规划设计导则（试行）》，对于城市湿地公园的基本保护要求以及功能分区划定导向，通常包括了湿地展示区、重点保护区、游览活动区和管理服务区等多个区域，迎合了城市湿地公园作为“城市公园”所有的休闲游憩功能以及“湿地保护”的保护利用双重功能，结合归纳总结的“核心区、缓冲区、过渡区”分级的分区模式，对城市湿地公园的功能分区进行以下划分。

（1）重点保护区

相当于核心区，是针对城市湿地公园场地内重要的湿地区域、原有湿地生态系统较为完整的区域或亟待进行生态修复的不完整湿地区域进行的保护性区域划分，最大化程度地减少人为干扰甚至杜绝人类行为活动，通过一系列的生态修复设计手段引导该区域进行生态修复，激发湿地生态系统的自然生产力使之进行良好的演替和发展。

（2）湿地展示区

相当于缓冲区，结合湿地恢复区域进行设立，也可以是依附于重点保护区或作为重点保护区与外围区域的缓冲地带，目的是保障湿地生物的栖息地完整以及生态修复效应起到作用。由于大部分城市湿地公园的湿地形态较不完整，湿地生态系统较为脆弱，因此在重点保护区域周边甚至之内引入此区域，是重点保护区域与能量交换以及信息交流的媒介，也是增设了一个保护力度相对次之、人为干扰可适当增强的保护区域，同时也展示了湿地景观，为开展湿地科研工作、进行科普宣教活动提供了理想场所。

（3）游憩活动区

相当于过渡区，是城市湿地公园敏感度较低，也是人为活动强度较大的区域，是湿地开展游览休闲活动的主体，亦是城市湿地公园作为“城市公园”的一种类型所承担的社会功能。该区域作为城市湿地公园的外围，在交通规划、游线组织上可根据所展示城市湿地公园自身定位而采取丰富的人为活动形式，满足各类游憩行为。

2. 功能分区划分

按照成都市青龙湖湿地公园设计目标、结合生态修复设计策略，对青龙湖湿地公园的生态功能分区有以下几点原则。

①以保护湿地动植物以及湿地生态系统稳定发展为前提，进行区域化的划分，对濒危湿地动植物进行最大化保护，控制游人活动强度，在规划初期即划定范围。

②以合理利用湿地资源为目标，湿地资源可用于旅游开发、游憩休闲、科普展示、科研探索等多方面，在进行湿地资源利用时应保持人为活动以及资源利用的平衡，有主题性、选择性、引导性地划分分区，合理地通过分区规划、细部设计来建造各类设施加强人与自然的交互体验。

③以城市湿地公园本身定位为依托，针对原有自然资源、人文资源以及文

化遗产进行保护以及合理的开发，围绕区域性特色开展规划设计，对待重点保护对象进行严格划分。

在综合考虑该项目周边区域环境以及内外部交通，对青龙湖湿地公园的功能分区进行以下划定。

（1）重点保护区

主要集中在场地东侧绕城高速周边林带以及青龙湖 #2、#3 湖及其湖畔，为青龙湖湿地公园的核心保护区，是原生湿地生态系统、农田生态系统较为完整或人为干扰较少、动植物种群较为完整的区域，所以加强力度重点保护，利用高大乔木、林带等进行分隔，保障白鹭、野鸭等物种的栖息场所不受外界干扰，最大程度保证生态系统的完整性并维护其稳定发展。

（2）湿地展示区

主要集中在 #1 湖以及 #2、#3 湖畔及其周边交界地带，为青龙湖湿地公园的缓冲区，主要为集中展示湿地文化、湿地风貌以及荒野游憩的区域，人为活动较少，能够有良好的自然风光，结合少量的小品设计，圈定小型的池塘以饲养鱼类、分出小型沟渠与园路交叉，拟定较为清净自然的游线设计，营造人与自然和谐共处的良好氛围。主要景观节点包括：科普长廊、一草阶、水上廊道、观鸟平台等。

（3）游憩活动区

主要集中在公园北侧 #1 湖周边的大部分用地以及南侧的入口区域，是人为活动强度较高、游憩设施以及服务设施较为集中的区域，主要为体现青龙湖城市湿地公园所承担的社会功能，提供市民休闲娱乐、游憩健身的场地，根据不同年龄段的访客亦设置不同的服务设施，同时也开发了原十陵片区的陵园供访客参观体验。主要景观节点包括：水上活动中心、四方院、仲夏剧场、青龙广场、龙湖秋月等。

城市湿地公园的功能分区是以保护湿地资源为主、开发利用为辅的出发点进行划定，在实际的分区过程中需要根据场地特性、地形地貌、湿地生物习性等多方面进行考量，在区与区之间存在复杂的交叉以及过渡，故不能单纯地进行平面构图或者为人使用便捷而随意划定，需进行大量的前期准备工作以及实地调研总结方能划定。

（三）设计思路与设计过程

青龙湖湿地公园的生态修复设计围绕着三个方面进行展开，即水系统的规划、植物的生态修复规划、生物群落栖息地构建，结合设计原则以及设计目标，对三个方面进行详细的思路阐述以及设计表达。

1. 水系统生态规划

在青龙湖湿地公园的设计过程中，为营造良好的湿地生态环境，促进湿地生态修复效果，遵循上位规划指标，涉及挖湖堆土的工程。

（1）竖向规划

对于已建的青龙湖维持原高程和水位，对于扩建的湖区范围，设计两个标高：扩建 1# 湖的堤顶标高为 512.0 m，控制常水位标高 511.0 m，扩建 2# 湖堤顶标高为 506.5 m，控制常水位标高 505.3 m。

（2）扩建湖水深设计

已建青龙湖正常水位 509.00 m。规划湖区东风渠渠顶高程约为 513.30m，渠内设计水位 512.40 m。扩建湖区的正常水位选择主要考虑以下几个因素：方便东风渠充蓄湖区；方便各湖区排水泄洪；不影响已建青龙湖 2# 坝、3# 坝的安全和已建青龙湖的正常泄洪；不影响高速公路路基安全。对于扩建 1# 湖，在保证从东风渠自流取水的前提下，应尽量提高湖区正常蓄水位，以减少湖区开挖量。对于扩建 2# 湖，已建青龙湖 2# 坝及 3# 坝泄洪闸堰顶高程均为 507.50 m；绕城高速公路路面最低高程为 506.60 m。扩建 2# 湖正常水位应不影响已建青龙湖的正常泄水和高速公路安全。扩建 1# 湖由于湖面水域较宽且原始地面高程较高，湖区水深仅分为 1 个区域，水深 3.0 m，湖底高程为 508.00 m。扩建 2# 湖由于体形较为狭长，水深分为 2 个区域，及沿湖岸的 2.0 m 浅滩区和湖心的 3.0 m 水深区，湖底高程分别为 503.30 m 和 502.30 m。湖岸边坡 1 ：2.75，各不同水深区域采用 1 ：10 的缓坡过渡，如表 7-2 所示。

表 7-2　蓄水位以及高程统计表

湖名	正常蓄水位 /m	湖岸高程 /m	备注
已建青龙湖	509.00	510.00	维持原水位及高程
扩建 1# 湖	511.00	512.00	
扩建 2# 湖	505.30	506.50	

（3）水质维持设计

根据十陵片区环保局所提供数据，于 2014 年 3 月 29 日对青龙湖与东风渠十陵段采样调查结果表明：东风渠水质较好，处于地表水Ⅲ类～Ⅳ类水平，完全可以作为青龙湖的补水水源；已建青龙湖水质较差，处于地表水Ⅴ类～劣Ⅴ类水平，水体出现富营养化趋势，应进行水质治理；已建青龙湖湖区中出现片生水花生，为避免水生植物泛滥，必须予以清除，并辅以水生植物修复，如表7-3所示。

表7-3　青龙湖水质监测表

	1# 东风渠	2# 青龙湖
总氮	1.38	2.6
总磷	0.11	0.035
叶绿素	6.4	4.6
浊度	45	21
TL1	63	51

根据生态修复设计理念，结合青龙湖自身水资源及植被资源优势，拟采用生态工程措施为主，以生物操控与食物网链为基础，建立健康、稳定、可持续的水生态系统。于原有青龙湖区域进水口设置网状截污措施，对进入水体进行过滤净化，再排入青龙湖内部进行补水，提升青龙湖湖区水质。对于扩建湖泊区域，利用水生植物以及底栖类生物的净化特性进行处理，水生植物在不同的营养级水平上存在维持水体清洁和自身优势稳定状态的机制，有着吸收过量营养物质的特性，可降低水体营养水平，减少因为摄食底栖生物的鱼类所引起沉积物重悬浮，降低浊度，对于稳定底泥、抑藻抑菌等，也具有重要的实践意义。具体表现在：降低污染负荷，吸取部分营养物质；改善生物地化循环系统；形成一定的隔离层，防止冬季雪霜冻结湿地的地面；使得湿地床表面更加牢固等。基于此，将场地湖面划分为自然净化区、生态保护区和核心净化区，同时，配置挺水植物、浮水植物、沉水植物层级净化水质，并投放养殖鱼类、底栖生物等来辅助完成水质的净化。

（4）驳岸设计

根据弯曲的岸线形式，于青龙湖湿地公园的滨水区设计四种模式的驳岸设计，共计总长度为19 658 m，主要以草坡入水生态驳岸、卵石滩驳岸为主，其余为木栈道亲水驳岸、台阶入水驳岸及草阶式驳岸等。

①自然缓坡式驳岸。对于青龙湖内坡度缓或腹地较大的河段或湖岸，采用了保持其自然的状态，使其呈现自然缓坡式形式。在缓坡式驳岸的水陆过渡空间配合水杉、柳树、芦苇、菖蒲等喜水植物的种植，通过其发达的根系来稳固堤岸，同时此类喜水植物枝叶柔韧，根系深入地下，能够增强河岸抗洪、护堤能力，也为湿地生物提供了觅食和藏身场所。自然缓坡式驳岸共占青龙湖湿地

公园内驳岸长度的85%。

②台阶式驳岸。对于青龙湖内水位落差较大的区域且同时提供游客活动的亲水区域，采用了台阶式驳岸，在保证水位因季节性变化产生较大落差而带来的安全隐患，同时也能够为游客提供亲水空间。在台阶式驳岸的形式上有硬质台阶形式以及软质草阶形式，硬质台阶形式即水泥制、砖块制等材料搭建而成，软质草阶形式则是采用草为材料进行搭建。台阶式驳岸共占青龙湖湿地公园内驳岸长度的7%。

③木质材料型驳岸。按照游客的游憩行为以及功能分区规划，部分驳岸需延伸进水面或搭建水上平台，故设计采用了非人工合成的有机材料，例如石质桩基的木质亲水平台和亲水栈道，或采用石质桩基的石板平台等。木质材料驳岸共占青龙湖湿地公园内驳岸长度的6%。

④硬质型驳岸。对于青龙湖湿地公园内少量水位落差大、水陆过渡空间坡度较大或形成挡土墙以及设置取水口、排水口等控制系统的驳岸采用硬质形式进行设计，也少量作用于人为活动较为密集的区域，例如亲水广场等。硬质型驳岸共占青龙湖湿地公园内驳岸长度的2%。

2.植物生态修复规划

青龙湖湿地公园所在区域位于龙泉山脉西侧盆地上，整体的土壤结构为红紫色泥土，除母质层仍有石灰性反应外，上部土层已呈微酸性，属于中性土壤（pH 6.5～7.5）范畴，故基本除特殊树种外适应大部分树种的生长环境要求。根据景观生态学中的“斑块－廊道－基质”理论，从宏观的整体规划层面上，将现状分散的植物种群进行联系进行分散斑块的整合；沿东风渠、绕城高速路等线性景观，构建河流生态廊道和道路生态廊道，廊道之间相互交错，形成河流、森林与道路的网络，使之与基质的作用更加广泛和密切，共同构建完善的生态植物群落，发挥植物群落的生态修复作用，形成稳定的生态循环系统。

与此同时，形成良好的植物生态系统可提供多样化的生态功能服务，如生态野趣体验、保存物种多样性、教育展示、生态廊道、生态视觉景观等功能，为周边市民提供便捷的体验大自然的机会。在具体的实施手段上，分为对陆生植被的生态修复以及湿生植被的生态修复。

（1）陆生植被的生态修复

采取分阶段的梳理、补植、套种等措施，以促进陆生植被的天然更新，选择乡土树种为主干树，建群种、半生种合理搭配，乔灌草相结合，达到多数种、多层次的目标。根据陆生植被的分布特性，将其大致分为疏林、密林与草地。

对于密林以及疏林，针对现状所形成的林地形式，对不同分区进行对应的隔离，使绿地与周围的城市用地产生一定程度的隔离，减少人类活动对绿地的干扰；对于草地，可根据功能分区的需求进行划分，包括活动草坪、花田、运动场、活动广场等，组织形成先锋植被群落，结合季节的变化对草带来的影响进行规划。陆生树种的生态修复在承载主要的人类活动同时，应起到隔离划分的作用，维持良好的群落生长空间。在物种的选择上，主要选择适宜十陵地块当地栽植、且生长表现良好的树种。以乡土树种为主，适当选择适应性强、病虫害少、景观效果好的外来树种。其中包括：常绿类树种如黄葛树、楠木、慈竹、桂花、天竺桂、杜英、广玉兰、香樟、罗汉松、三叶树、柑橘、含笑、雪松、大叶樟、女贞等；落叶类树种如二球悬铃木、国槐、栾树、银杏、水杉、落羽杉、苦楝、白玉兰、辛夷、芙蓉、洋槐、柳树、梧桐、紫薇、海棠、樱花等。

（2）湿生植被生态修复

根据水岸的不同条件和需求，将滩涂、水体、林地等划分为多种生境类型，具体包括处理型湿地、农耕湿地、湖区湿地等，以为多种鸟类、爬行类、昆虫类提供适宜的栖息环境为目标，同时也可以满足多样的参观游览需求。

3. 生物群落栖息地构建

根据前期的调研分析，结合青龙湖湿地公园的生物群落现状，对生物群落的构建分为以下两个方面。

（1）鸟类栖息地构建

按照生活方式以及结构特征，鸟类分为游禽、涉禽、陆禽等多种物种，其对生态环境的需求也有所不同，游禽喜水，水域是其最适宜的生活场所，远离人类干扰的孤岛、滩涂、灌木丛是理想的活动场地；涉禽喜水陆交界地带，也喜在水陆交界的泽涂、沙洲等觅食昆虫、泥螺等；陆禽喜在常绿、落叶混交林中生活，于林中筑巢栖息，以林中昆虫或近水植物为食，基于此，通过三个手段来进行鸟类栖息地营造。

①场地设计。结合涉及青龙湖栖息的鸟类生活方式，参考相关文献阅读后对青龙湖鸟类进行栖息地设计，以白鹭为例，白鹭需要在有密林或湖中岛屿且人为干扰少的生态环境内栖息繁殖、喜安静，机警过人不易接近，故应划分鸟类保育区，构建湖中的岛屿并进行良好的保护措施，以避免人类干扰；结合白鹭的生活水域面积最低在 3～5 hm^2 左右，且以栖息岛屿为中心的 7～10 km 范围内湿地均是较好的食源地，能够提供白鹭喜好筑巢的植物品种，如竹子、樟树、马尾松等，同时需一定浅水区域捕食鱼类、爬虫类和两栖类等。

②生态驳岸设计。常见的生态驳岸设计包括自然缓坡型、土工材料复合种植型、植被性等，旨在利用天然的石材、木材、植物等构成一个完整的水陆生态系统。从环境实质而言，具备生态功能的驳岸需为“多孔隙”结构，能够吸纳空气、水分、滋养微生物等，从而带动食物链的循环。因此，为鸟类营造栖息场地，需要多孔隙的复杂结构来提供丰富的生活空间，可以采用枯木、石块堆、老树根、废旧构筑物丰富场地的空间形式，结合自然的缓坡形式构建，辅以合理的植物配置。

③植物规划及配置设计。地区鸟类对特定的地区植物有着特定的需求，本土的鸟类适应本土的树种，换言之，乡土树种是吸引当地鸟类的绿化树种首选。因此，进行鸟类栖息地的植物配置设计时，可选择女贞、苦楝、无患子、火棘、芦苇、菖蒲、茭白、南天竺等作为主干树种，选择菖蒲、芦苇等水生植物进行搭配。在进行植物配置设计的同时，也考虑到鸟类分布格局受到植物群落边缘效应的影响，边缘区域的组成结构越复杂，营建更多种生活空间形式，鸟类的生物多样性也越高。因此，植物无群落从构建初期就以整体布局出发，边缘以复杂的灌木丛为主，内部已高大的树种为主，有疏有密地进行配置。

（2）鱼类及两栖类生物栖息地构建

鱼类以及两栖类生物栖息场所为水域区域以及水陆过渡区域，根据前文调研以及案例总结所得，需通过以下三点进行展开。

①维持水系系统稳定。包括水系规划、水质维持设计、地形设计内容，本节不多做赘述。在物种选择投放前需结合青龙湖水环境特性，做出科学的筛选，防止生态入侵，在具体的做法上，因新形成的人工水体其水体生态系统形成周期较长，可人为加快其生态演替，向湖区投放可投放先锋鱼类、虾类、螺类等，可使其尽快地进入相应的生态位，加快形成稳定的水体生态系统。

②生态驳岸设计。与鸟类生态驳岸设计略有不同，鱼类及两栖类生物的栖息场地应减小人为干扰，距离主园路宽宜在 5 ～ 10 m 以上；驳岸的边坡比不应过大，宜控制在 1 ∶ 10 ～ 1 ∶ 8；浅滩区宽度在 8 m 左右。

③植物种植设计。湿生植物以及水生植物能够提供鱼类及两栖类生物隐蔽场所，也能够为其提供食物来源，水生植物强大的根系亦可以维持水位的稳定，限制流速，维持稳定的生存空间，同时对水质净化，提升湿地生态系统稳定性起重要作用。

4. 园路设计

青龙湖湿地公园内部的园路主要分为三个等级，一级园路即环绕青龙湖观光的宽 6 m 主路线，分为步行道和骑行道，路面由沥青路面到石材路面再到木制板材路面变换，在主路沿途设有自行车租赁点，由于湿地公园面积较大，大多数人选用骑行的方式游览全园，路面材料的变化配之植物的景观，让游客对空间变换的认知感加强，有步移景易的乐趣。二级园路是用于连接各个景区的纽带，路宽 3 m，曲折有度，三级园路是一些辅助通行到各景点之间的联系，宽约 1.5～2 m 不等，路面材质使用也更为灵活，有一些是木栈道，还有一些是石子路等，这些材料的选择都具有自然性，选用天然的石材、木材更亲近自然又环保，尊重生态。路设计存在的主要问题是由于园内地形起伏变化很大，使一些路段的坡度太大，无论是对于骑行还是步行游客来讲一些路段坡度太陡，游览体验不佳，太费力气，舒适度下降。还有在二级园路的一些交叉路口有太多的分支，路标不明确，会让游客迷路混乱。

5. 景观小品设计

青龙湖湿地公园中的景观小品主要集中设置在滨湖活动区，这里人为活动多，但景观小品并没有很多，这里的景观小品也趋向于生态友好型，或用原始天然的材料，或用一些可再利用的环保材料进行景观小品的创造，例如青龙湖畔有几个草亭供人休息，是用木材为骨架，亭顶覆上茅草，非常有原生态的味道，亲近自然；在儿童科普区内景观小品相对较多，以此为儿童活动营造活泼气氛，有用旧钢板做的镂空动物形态，配上文字说明，展示湿地动物；还有用石材堆砌的模拟河流，让孩子体验水的乐趣；还有用混凝土打的树桩和树枝形状，上面拉上网兜让儿童攀爬；还有用旧轮胎涂上色彩让儿童玩耍等，在市桥龙泽景点有木栈道架空起来的观景平台，既可以抬高人的视线，又通过架空的设计保护绿地，不被人工设施占用，栈道上用木板做的门形景观设计也十分吸引眼球。

但是其景观小品的设计没有表现该地域文化特色，青龙湖湿地公园附近与明蜀王陵遥遥相望，景观小品的设计中只体现了生态性缺乏地域文化特色，与其他城市公园的小品相似。

6. 科普教育及公共服务设施设计

青龙湖湿地公园的公共服务设施设计的优点是较为细致人性化。垃圾桶在园路上基本每隔 100 m 就有一个；休息座椅每隔 50 m 就有布置，座椅用防腐木材质，让人感觉并不刻板；在园路设置中有很多自动贩水机，这种设置很细致。

但是其设计也有些不足，在沿路的重要节点交叉口会有路标指示牌，但是经笔者实地体验，一些交叉口一个路标上有太多方向的指示牌，方向与交叉口位置不符，指示性不强。

该公园科普教育展示设计是利用镀锌钢板面层烤漆材质的介绍牌，设在各个景点，有设计的平面图展示，对游客了解景点的设计理念有良好的辅助作用，但存在的问题是在动物展示的文字说明牌上有些文字已经掉色看不清，有待修缮。在公共服务设施中景观性和生态性并存的应当是公共卫生间了，湿地公园内共有两种公共卫生间，一种是移动卫生间，采用铝塑板材，完全免水式，布置在青龙湖骑行到沿线，与环境融为一体，而且占地面积小，还节约水资源，但是如若管理不当，在夏季会导致恶臭气味散发，影响公园环境，所以对公园管理提出了更高要求；另一种是传统的厕所，它的景观性特强，传统卫生间与游客接待中心设在一起，建筑形态以明朝穿斗结构屋架为母体，采用钢结构，营造传统坡屋顶，灰色檐廊搭配黄色墙面，使其散发古典高贵的魅力，灰和暗黄色调给人宁静之感，在公园中与自然融合在一起，又突出明朝历史文化感。

三、青龙湖湿地公园海绵化改造

（一）道路优化

青龙湖湿地公园的道路应有组织的汇流与转输雨水径流。对现有硬化道路进行改造优化，首先主干路路面排水宜采用生态排水的方式，路面的雨水首先汇入道路两侧绿地内的海绵化建设技术设施，并通过设施内的溢流排放系统与其他技术设施或公园雨水管渠系统相衔接。道路绿化带或绿地土体表面应低于硬质铺装或路面 50 ～ 100 mm，便于雨水的流动与排放。

并且道路两侧绿地内的设施应采取必要的防渗措施，防止径流雨水下渗对道路路面及路基的强度和稳定性造成破坏。维持道路绿化面积，在有坡度的位置尽量利用原始地形特征打造下凹式绿地。

综上所述，进入青龙湖湿地公园后靠近保育林的临水主干路，道路组成为 6 m 主干路透水路面、左侧 2 m 植被缓冲区、右侧临水驳岸区，下端分布雨水溢流口连接管。由于透水沥青的雨水渗透效果不如其他透水铺装，考虑到人车通行，透水沥青兼具防损耗和排水功能，因此将此段道路采取中间铺设透水沥青、两头铺设透水砖的形式。道路右侧绿地相对路面做一个 100 mm 的下沉处理，道路左侧布置植草沟打造植被缓冲区作为道路与保育林区域的过渡，加强路面径流汇水。植草沟两侧种植湿生植物，中间凹陷部分为生态处理区，草皮选择较密集生长的类型。采用生态滞留土壤，底部以 100 ～ 200 mm 的砾石完成铺设作为沉淀雨水的设施，并设置出水结构与管网相连。植草沟周围植物完成蒸腾作用后和草地一同引导径流至植草沟中间的生态处理区，渗透储存净化后的雨水可以二次利用作为该区域植被的灌溉用水。

园内现状雨水花园区域属于海绵化建设开发区，道路均为人行小路，交错分布，对其道路进行优化建设，道路组成为 4 m 雨水花园人行支路透水路面和两侧各 1 m 植被缓冲区，缓冲区与绿地连通。首先道路均采用透水铺装，并将两侧绿地做下沉处理，纵坡坡度不宜大于4%。在绿地内每隔 20 m 左右设置雨水溢流口，以保证超过存储能力的雨水能顺利排入管网。使路面上的雨水流向绿地时，通过植物和土壤截留并净化雨水，无法拦截的雨水流入到雨水管网中作为循环使用，该处植草沟及绿地中的雨水处理设施应与主干路相连通，做到集约一体综合管理雨水。两侧植草沟植物搭配上适当选择一些有色彩的花灌木或草本植物，增加该处的景观效益。

（二）园内绿地优化

绿地系统是湿地公园海绵化建设的重要载体，它需要消纳自身径流雨水，同时对周边区域的汇水进行调蓄，具有组织性地汇流与转输雨水、截污净化、处理后的雨水储存与调节、衔接区域内的雨水管系统等功能。

对公园绿地需进行调蓄改造，在绿地中适当位置增设雨水调蓄设施，将雨水集蓄利用与景观等结合，储存和循环后的雨水可以用于公园内水体的补水换水，还可就近利用于绿化用水补给和道路清洁。增加植被缓冲区，对周边区域的汇流雨水进行有效调蓄，减低内涝风险。湿地公园绿地宜首先利用生物滞留设施、植草沟等小型且分散式的技术设施消纳自身径流雨水，促进雨水渗透和循环利用，可以广泛采用其他渗透设施如浅沟、雨水花园等，同时利用景观水体、多功能调蓄池等雨水调蓄设施，统筹兼顾自身及周边区域径流雨水的控制。

（三）绿色屋顶建设

绿色屋顶通过增加绿化面积，收集雨水径流，植被根系净化雨水后用于灌溉或是地下水补充等。据实地调研可得，研究区域的建筑还未建设绿色屋顶。因此，在此基础上的优化需要注意绿色屋顶的植物配置。

在非厂房建筑屋顶可以进行多种植物搭配的绿色屋顶建设。草坪植物的配置上，可以选择细叶结缕草、野牛草、麦冬、葱兰、马蹄金、美女樱等植物；在地被植物的配置上，可以选择佛甲草、垂盆草等植物；在花灌木的配置上，可以选择凤尾兰、月季、迎春、栀子花、杜鹃、红花疆木、一品红等植物；在乔木配置上，可以选择桃花、黄桶兰、紫薇、桂花、龙爪槐、红枫、广玉兰等植物；在绿篱植物配置上，可以选择小膀、黄杨、木槿等植物，在藤本植物配置上，可以选择常春油麻藤和爬山虎等。在青龙湖湿地公园内的公共厕所这样屋顶面积较小的区域，以绿篱植物、藤本植物和草坪植物为主，在紧凑空间的同时进行简单的雨水存储与调节。

（四）临水驳岸优化设计

生态驳岸能有效控制径流污染，通过土壤下渗和植被拦截净化雨水，同时植被的根系可以起到加固岸线、保护水系的效果。植物配置上需要考虑岸坡稳定性的相关特殊要求及影响，并根据其水位变化选择适宜的植物。综合评价结果和调研情况，研究区域现状驳岸分为缓坡式驳岸和阶梯式驳岸两种类型，考虑到驳岸位置与保育林和鸟类栖息地的交叉性，临水驳岸的优化设计将以植物优化设计为主，道路和铺装的建设为辅，注重自然性和生态性。将临水驳岸按位置的不同分为以下四种改造优化方式。

从北入口进入公园后，位于道路交叉口内侧的临水驳岸属于缓坡类型的自然生态式驳岸，面积不大宽度较窄。简化原有植物配置，选择柳树、水杉、枫杨等乔木少量种植，靠水一侧配喜湿类植物如香蒲、芦竹、灯芯草、美人蕉和芦苇等，增加一些彩叶植物或花灌木，打破原有景观的单调性突出入口处景观效应，如木芙蓉、迎春等。在草坪中打造一条木栈道满足游人通行的需求，完成引水功能同时丰富该驳岸。

沿公园主干路右侧分布的临水驳岸大部分闲置，尚未种植植被，草皮维护较差，且坡度非常平缓。由于该区域较窄，且综合安全性考虑不宜做太多修改，因此保留原有的透水石质台阶的设计，以减少水体流动和雨水冲刷对岸线的破坏，有助于湖岸的稳定性。在这一类型驳岸的优化上主要完善植物的种植，草坪可种植车轴草、金鸡菊和滨菊这类植物，引导雨水径流，靠水区域将飞蓬草、芦竹搭配种植，以石质挡墙进行拦截，同时在靠近道路一侧按照一定间距种植一些喜水类植物，如水杉、垂柳、香樟等，不宜过度密集否则将影响水景欣赏视角，起到稳定岸线和促进雨水汇流的作用。

青龙湖公园一期景点“青龙渡”属于台阶式驳岸，考虑地理位置因素将这种驳岸建设方式保留，并在该处以透水铺装和树池搭配，将现状维护情况较差的 4 处普通树池进行改造优化为生态树池。路面透水铺装和台阶引导路面雨水径流至树池和水库范围中，可以进行湿地系统的补水和水量调节。树池与雨水渠灌接口相连，植物以喜湿类植物为主如沿阶草、枫杨和麦冬等，草本和乔木帮助完成该区域内的雨水过滤下渗。台阶临水侧为浅水区域，同样采取石质挡墙拦截的形式，并在浅水区域种植适宜生长的水生、湿生植物如旱伞草、茭白、水芋、水葱等，起到净化水质和吸纳雨水的作用，又可以稳定渡口位置的岸线。该处人流量较大，考虑到渡口位置安全性，在台阶靠水一侧应设置围栏或是隔离的装置。

近出口处临水驳岸属于缓坡类型的自然生态式驳岸，需要丰富乔灌草的植物搭配。由于该处靠近水库区域的绿地属于鸟类栖息地，为保护并保证其完整性不进行大型调整，通过植物群落的优化可以营造良好鸟类生活环境。在现状基础上对草皮进行维护，起到引导径流的作用。实地调研发现在靠近出口处的植被以常绿为主，色彩较为单调，因此栽种一些花朵类草本植物或灌木丰富色调，如滨菊、金鸡菊、迎春等。种植落羽杉、枫杨等常绿乔木，既可以满足生态需求，又可以打造良好的景观效果，与水景相互映衬。靠水一侧绿地搭配水杉、柳树等喜水植物，此类喜水植物枝叶柔韧，根系深入地下，能够增强河岸抗洪、护堤能力，也丰富了水鸟栖息地的空间。东风渠对岸属于青龙湖湿地公园二期范围内的区域以这类植被带建设为主，保护原有的植被并提高这一区域的植被雨水蒸腾作用。属于鸟类栖息地的绿地范围可以种植首蒲、芦苇和茭白等湿生植物。

（五）东风渠两侧岸线优化

东风渠两侧的岸线部分属于海绵化建设保护区，属于青龙湖湿地公园一期范围内的绿地是鸟类的栖息地，不宜做太多改造，增加植被缓冲带以削减雨水径流流速和污染负荷。属于二期范围内的绿地正在进行建设中，主要就该类绿地打造两处新景点，平衡景点过于集中分布的现状，完善东风渠河道景观。

在一期中心水域和二期南侧水域之间打造景点“雨径通幽”，该处属于易积水的区域，除了考虑其雨水汇集和流通能力外，还要在建设时增加其生态功能。沿东风渠打造自然线性景观，临水小路采取木栈道和透水沥青路组合的形式，木栈道以游人行走、观赏和休憩为主，构建河流生态廊道和道路生态廊道，与河对岸绿地相呼应，营造出小型亲水空间的氛围，透水沥青小路满足园内自行车等非机动车的通行需求。草坪可以选择早熟禾、沿阶草等植物，这类草本具有再生力强、耐湿、抗修剪和耐践踏的特性，有助于的河岸两旁的植被生长环境维护。灌木可以搭配多花木兰和黄杨等植物，是优良的水土保持树种，对东风渠河道环境改善有一定作用。同时还需要丰富原有的灌木和草皮的搭配，选择垂柳、香樟和银杏等种植在河岸边，起到稳固堤岸的作用并在立面上丰富景观韵律，并形成高低分明的植被层次，有助于雨水的分层吸收与汇流。在河岸木质道路旁可种植樱花、柳树、松树和竹等，有利于景观氛围的营造，为行人建立美观大方的游览区域。

在二期南侧水域和东南侧水域之间打造景点“荷风柳浪”，该处为一雨水花园。利用现状池塘种植荷花，既可以净化水质又可以营造景观氛围。在池塘的西侧布置透水木质铺装，流线型铺装之间打造植草沟，加强各水域之间的稳定与联系，与池塘共同形成该处的海绵体，保证降雨时既能储存多余的雨水又能过滤后循环利用。池塘两侧均有道路分布，保障行车方便和通行的多样化，同时在池塘东侧的绿地中打造一条木质小路，采用透水材质加强渗透雨水能力，并给游人提供良好的步行休闲空间。

（六）水质净化与污染控制

青龙湖湿地公园大部分中心水域水质较好，能给鸟类等动物提供良好的生产环境。但是部分区域的水质需要进行治理，对水质的净化与面源污染的控制主要分为人工截污措施和生物净化两类。综合现状调研情况，在原有两处进水口位置都增设截污措施，对水体进行净化和过滤，同时在研究区域雨水管道排口设置截污限流装置，防止雨水与污水融合，能有效保障景观水体的洁净。生物净化措施重点布置在分布有三处池塘的现有雨水花园中和研究区域东北侧水质情况较差的小池塘中。

生物净化又分为植物净化和动物净化。实地调研发现研究区域小池塘中有出现片生水花生，为避免泛滥必须予以清除，并配置挺水植物、浮水植物、沉水植物。如芦苇、旱伞草、香蒲、水葱、美人蕉等不仅能通过根系去除水体富营养化，还能适应变化的湿润环境，有一定景观效益；风车草可以有效去除水体中一定的氮、磷元素；黑藻、穗花狐尾藻、金鱼藻、杉叶藻等沉水植物可以有效去除水质 TN，TP 和水体中的悬浮物，且多种沉水植物组合的形式能取得更好的净水效果；莲、菱角等浮水植物可以适当种植在现状建设情况较差的水塘中与水景呼应，但不适宜在水库中心水域种植。

除了植物之外，可以投放鱼类、底栖动物和浮游动物来辅助完成净化，既能充分水体空间，又能防止藻类过分生长所带来的水生态环境破坏。

如少量的鲍鱼和梭鱼可以延缓水体富营养化；石蛙科耐污值高，在水质和栖息环境较差的情况下也能良好生存；在种植芦苇、香蒲的小池塘或是湿地位置，可以投放纹沼螺、长角涵螺等；水蚤、虾蟹类有分解处理有机碎屑的能力，缓解内源营养负荷所导致的水体富营养化问题。

（七）停车场改造优化

在停车场的改造优化上可以参考新型生态停车场建设，它是一种具备环保、低碳功能的停车场，将停车空间与园林绿化空间有机结合。传统的停车场植被覆盖度低，地面透水性差并且易积水，与它相比新型生态停车场具有绿化程度高的特点，且使用寿命较长，除了在停车区域使用生态植草砖外，它在车道路面综合了透水沥青、透水混凝土和碎石等多种材质使其具有超强的透水性能，能在雨水期间仍然保持地面的干爽，促进雨水渗透与循环利用。

青龙湖湿地公园一共有两处停车场，均属于海绵化建设开发区，是进行海绵体打造和优化建设的最佳区域。现状一处开发建设较好，一处基本没有开发，将尚未建设和种植植被的荒地作为停车功能使用。对于开发建设条件较好的停车场，路面使用该种新型材质，增加路面的雨水下渗能力，同时在停车场内增设两处植草沟促进停车场的雨水流通，缓解积水情况。

由于荒地停车场区域较大且需要满足部分成都大学的车辆停放，因此设计较多数量车位。设计一处植草沟，路面使用该中新型材质，保证每一处停车位周边尽量有绿化分布。在停车场植物配置优化方面，分隔带种植乔木为主，底层种植灌木及草皮，停车位后侧种植大乔木，结合实际情况设置车后带状绿地，并增加停车场内植被的层次感。

四、青龙湖湿地公园海绵化建设展望

（一）湿地公园监测与维护

在完成青龙湖湿地公园海绵化建设后，需要监测其建设效果。通过在线的动态监测，获取大量的监测数据，全面评价研究区域海绵化建设的效益。监测内容主要包括湿地生态系统保护、水环境质量改善情况和雨水排放能力提升三个方面，主要就雨量监测、水质监测和设施透水能力监测以多数量、多区域、多层次的评价完成定量化计算最后得出改善与优化结果。如雨水花园、绿色屋顶、透水铺装、生态驳岸和植草沟等技术措施，可以加强实时监测，当积累大量数据后才能为进一步的建设提供基础资料，对于成都市海绵城市的建设也有一定帮助。

人工湿地建设的投资成本多数时间比后期运营维护的成本更低。青龙湖湿地公园海绵化建设的各项技术措施在定期维护管理时要注意经济消耗。技术措施种类繁多，分布零散，且建材完全不同，因此在后期维护工作上需分类分区按照一定频率有序进行，如表 7-4 所示。植草沟、生态树池、生态驳岸和绿色屋顶等需要配合植物种植的技术措施，需要对植物进行浇灌施肥、修剪枝叶、除草除虫、防冻防涝等。对于透水铺装、下凹式绿地等措施需要保持其雨水下渗的通透性和存储空间的合理性。

表 7-4 研究区域技术措施维护与处理

技术措施	维护时间 / 频率	特殊处理
透水铺装	至少 1 年 1 次	检查其透水能力并进行维护
雨水花园	至少 1 年 1 次	在雨季之前、雨季中和雨季后都应该注意检查维护
下凹式绿地	至少 2 年 1 次	对植物进行修剪，草皮完成维护，对连接的管网进行清淤，检查地下水箱
植草沟	至少半年 1 次	对植物进行修剪，清理杂草，清除植草沟内的沉积物，对连接的管网进行修检和清淤
绿色屋顶	至少半年 1 次	主要在植物生长期对植物进行修剪，对藤蔓植物进行适当清理防止肆意生长
临水驳岸	至少 1 月 1 次	主要在植物的生长季节对驳岸陆生和湿生植物进行修剪，清理杂草
水质净化与污染控制装置	至少半年 1 次	对净化配置的植物进行修剪和杂草清理，定期进行水质检测，根据水质情况，变化净化设施的位置，清理管网并检查相关排水系统

（二）湿地公园柔性管理

柔性管理是指以柔性管理理论为基础的，与实现柔性生产系统所采取的组织形式相适应的管理方法，通过此种管理方式可以实现与生产手段两者的统一。从本质上来说柔性管理是一种“以人为中心”的人性化管理方法。

人的心理和行为规律是整个管理过程中的核心与基础，采用非强制性方式，在人心中产生一种潜在的说服力，从而把外在传达的意识转变为个人的自觉行动。湿地公园的柔性管理可以分为辅助管理和补充管理，通过群众参与其中的各项途径将湿地公园的景观效益、生态效益和社会效益最大化，最终形成全民共享、共同保护的城市生态空间。其中游客偏好分析是柔性管理中非常重要的内容，它不仅有助于了解湿地公园美学价值，对生态服务价值的提升也有一定影响，有研究表明游客偏好分析补充了社会价值方面的评估，完善了单一经济价值基础在生态服务价值内容上的缺失。

青龙湖湿地公园的海绵化建设已经具备一定基础，在完成改造优化后，需要以这种人心明显的内在驱动辅助各类技术措施的运行和维护。对于研究区域而言，作为城市公园的景观与生态利益是有限的，如何将这种利益提升并最大化也是需要考虑的范围。虽然景观手段可以促进研究区域的海绵化建设，但是对于游客来说，具备自主贡献和控制权利意识的景观欣赏主动方需要配合湿地公园提高生态服务功能价值。

综上所述，青龙湖湿地公园在柔性管理上首先应该加强环境教育和公园主题普及。如今海绵城市建设已基本深入人心，大家可能都听说过这个名词，但是对于其概念和理论基础可能尚未完全了解。如在公园内设置一定的文字讲解，对于一些海绵化建设基础措施进行简图介绍，积极与周边的社区、学校等联系组织志愿者活动。通过这样一种自主的方式辅助湿地公园的管理，同时也是一种合理的策略补充，有助于提高对城市湿地生态系统的保护意识。研究区域景点“科教童趣”虽取名如此，但是仅作为雨水花园使用，可以在这里进行雨水循环利用、节约用水等意识的普及。

并且青龙湖湿地公园应该与专业机构加强合作，汲取更实际更有效果的建设对策。很多国际上有名的国家公园都已经有自己的法律体系，该种法律体系更具针对性，他们选择了相关机构或是公园周边社区代表参与到政策和法规的制定。通过公众参与的过程，青龙湖湿地公园可以将园内法规政策和管理守则与游客甚至当地居民共享，共同规划设定最为适宜的管理规定。因为湿地公园的设施保护和环境维护并不完善，即使有合理分布的垃圾分类桶，也有随机乱扔的现象。再加上很多游客选择在此处进行野餐，对于草坪来说破坏较为严重，后期的维护修缮会消耗更多的资金。因此，明确的湿地公园管理规定迫在眉睫，群众参与其中既可以支持合理的安排又可以提出自己的见解。

在各类优化建设开展的同时，可选择Sol VES模型（Social Values for Ecosystem Service）对青龙湖湿地公园游客偏好程度进行分析，按照性别、年龄和职业分别进行评估，计算其社会承载力。海绵化建设适宜性分析及各类配套设施优化仅在遥感与风景园林的内容上进行阐述，而游客偏好分析如最佳游览路线、最长驻足地点、最佳临水岸线等都可以为青龙湖湿地公园的海绵化建设提供参考信息。

第二节　浙江德清下渚湖湿地公园

一、下渚湖湿地概况

（一）历史地理状况

下渚湖又名防风湖，相传4000多年前，防风氏在大禹治水时期立下了汗马功劳，他在下渚湖区域开凿河流，修建堤坝，将水导入东海与太湖中，之后，下渚湖区域再也没有受到洪水的危害，国泰民安。大禹称王以后认可了防风氏的功绩，赐其方圆百里的土地，而下渚湖就在此地，人们为了纪念防风，将下渚湖叫作“防风湖”。

下渚湖地处山水秀美的浙江省湖州市德清县境内，与莫干山风景区毗邻，西接防风山，历史上曾是主要的水上交通干道，也是现代城市区块中比较大的内陆湖。湿地公园距杭州50 km、上海211 km、南京273 km，越境而过的宁杭高速公路，与沪宁、沪杭高速公路共同组成环线，形成环太湖旅游圈。风景区中心湖区面积约1.261 km^2，水深3 m以上，遍布湖荡的岛屿、沙渚、土墩形态各异，约600多个，保持着良好的原始生态。

（二）自然与人文资源

下渚湖地区地属丘陵平原区，景区西部为塔山和防风山，东部是河网密集的平原，局部地区有低山丘陵，共有600多个形态各异的岛屿或土墩，被称为“地裂防风国，天开下渚湖”。风景区位于亚热带东亚季风区，降水量丰富，全年日照充足，温度适中，湿地气候显著。

德清县历史悠久，集江南山水隽秀于一体，下渚湖、东苕溪等湿地见证了人类几千年的发展史，孕育了唐代著名诗人孟郊、“新红学派”的创始人俞平伯、南朝著名文学家沈约等文化名人，可谓物华天宝，人杰地灵。作为良渚文化的发源地，德清县民风淳朴，风俗独特。比如，县内每年都会举办蚕花庙会，这种古老的庙会始于春秋战国时期，相传西施姑娘曾赠送给当地养蚕人鲜花礼品，祝福他们蚕茧丰收，从此，此地每年都举办庙会，以纪念美女西施。桑蚕养殖也成了当地的人文特色。“三道茶”古俗也是德清别具一格的风俗习惯，每当走亲访友之时，主人就会端上甜茶、咸茶和清茶招待宾客，这种悠久的待客之道，经过了当地居民近千年的传承与弘扬，生动地出现在了现代游客的面前。下渚湖湿地以防风氏的历史功绩为文明基点，拥有几千年历史的良渚文化，发展了淳厚的民俗风情，而桑蚕、鱼虾、红菱角的养殖成了当地的农业特色，衬托了地区千年的人文特点与历史价值。

（三）生物资源

下渚湖湿地公园的植物属于亚热带常绿阔叶林带，类型以常绿阔叶林为主，种类繁多，高等植物有五百多种。其中水杉、银杏、金钱松、鹅掌楸、三尖杉、野生大豆、浙江樟、红豆杉、天目木姜子、天目木兰、紫荆、厚朴、凹叶厚朴、浙江楠等属国家一、二、三类保护植物。湿地地势较高的地方主要有樟、枫杨和竹等植物资源，地势较低的地方保留着茂密的芦苇荡，湖中有着菱角、藕等植物资源。

下渚湖地区以农田动物群为主，如鹌鹑、麻雀、青蛙、鲤鱼、泥鳅、鲶鱼等，约 377 余种，其中白鹤、鸳鸯、樟等为珍稀动物。风景区附近山间常有竹鸡、黄融、穿山甲和华南兔等野生动物出没，湖中鱼、虾、鳖以及蚌等水产品种类丰富。下渚湖湿地还是鸟类栖息的乐园，生活着黑水鸡、小鸦鹃、野鸭、白鹭、夜鹭、苍鹭、灰鹭、翠鸟等 160 多种鸟类，成为湿地一大景观。区内白鹭和翠鸟这样的保护性鸟类的数量在不断增多，珍稀鸟类的品种也在不断扩大，由于大量野生鸟类的栖息与繁殖，使得下渚湖湿地被国家定为野生鸟类保护区。

二、下渚湖湿地生态旅游的开发策略

（一）加强生态环境宣传教育

开展湿地生态旅游不能以牺牲湿地生态环境质量为代价，在采取必要措施保护湿地自然资源和维持湿地生态系统健康运行的同时，加强大众的生态环境意识宣传教育必不可少；况且，生态环境教育也是生态旅游必须具备的四大功能之一。下渚湖湿地生态旅游要得到良好的发展，旅游活动相关人员的环境教育必须加强。为此，应广泛开展有关湿地保护和湿地生态旅游方面的宣传教育，以提高公众的生态旅游意识。

具体包括：对下渚湖管委会、湿地旅游开发商、旅游管理和从业人员进行教育培训，使他们在下渚湖湿地旅游开发、管理和服务中自觉约束自己的行为，保护湿地环境。湿地生态旅游保护功能能否实现，很大程度上取决于游客的生态环境意识和行为规范，景区主要通过建设环境教育设施来加强对游客的教育，寓教于游，提高游客生态意识，使游客在旅游中自觉保护野生动植物、保护湿地环境，使旅游活动行为生态化，下渚湖环境教育设施建设目前还是空白，要加紧完善。同时，应通过多种形式对当地居民进行宣传，提高社区居民（特别是农家乐经营者）的生态文明素质，让生态理念进入到居民的意识深处，使群众认识到维护良好的湿地环境和自己的利益息息相关，以自觉维护湿地生态，抵制不合理旅游开发行为，推动下渚湖湿地生态旅游持续发展。

（二）湿地旅游服务配套设施生态化

旅游是一项包含“吃、住、行、游、购、娱”等环节的综合游乐活动，这些环节配套设施的好坏直接影响游客对下渚湖的感受，影响下渚湖的旅游形象。随着旅游开发的推进，旅游配套服务设施建设完善这个问题会逐步得到解决。

具体包括：游览路线的设计、设施布局、规模应合理，要符合生态系统运行要求；道路的设计上不搞大规模建设，不使用柏油路和水泥路面；不使用有污染的机动交通工具；少建房屋或不建大规模永久性房屋，不应该有城市化的宾馆饭店进入（五星级大酒店和景观房产的引入值得反思）；建筑风格也要和文化和环境相适应，并使用环保节能材料，而且要按照绿色饭店的要求来运作；旅游区的能源要使用清洁能源；旅游停车场、生活服务设施等布局，尽量保持湿地自然面貌；垃圾等废弃物应进行无害化处理等。

（三）构建完整的湿地净水、蓄水体系

无论自然蒸发、植物蒸腾、土壤下渗还是满足湿地生境基本生理活动，这些过程都会消耗场地原有的水分。因此，水作为湿地中最为重要的元素应得到设计师的特别重视。湿地中的水源主要来自地表降水、地下水和人工引水三部分。在湿地水系统构建中，主要需要考虑的问题有三点，第一点是场地中的水源是否充足，能否满足湿地公园的基本运行，如果不可以，周边是否有河流、人工水库等水资源供湿地公园维持运作。第二点是湿地水体的污染问题，由于对城市湿地公园的人为干扰，湿地公园水系设计需解决城市生活污水、农田生产废水排放导致的湿地水体污染、富营养化等问题。第三点是如何营造具有景观美学价值的水体景观，充分发挥湿地生境生态价值和美学价值。以上几点是在城市湿地公园的水系规划设计层面需要着重考虑的问题。

1. 水域设计

(1) 水源选取

在水源选取层面，目前我国针对湿地公园规划设计有许多基于生态需水量

的研究，在最初进行水域面积规划时，应先收集当地降雨、蒸发、径流量等基本数据，通过计算确定场地中可供利用的水量是否充足，明确场地的水体来源与来源水质情况。

（2）生态技术

目前，我国湿地面临的主要污染问题包括工业污水排放和地表径流带来的生活生产污水。因此，解决湿地水体污染的策略主要可以分为两方面，从源头切断以及促进地表径流，利用湿地对水体进行净化。从切除污染源的角度，可通过在湿地公园周边建设污水处理厂，对污染水体进行预处理。在湿地内部，对周边废水排放进行严格处理，对场地进行疏浚，清除池底污泥。人工清除池底污泥见效快，但耗资耗力，可用于湿地公园局部影响较为严重区域。自然清除的主要原理是把最初进入水体的绝大部分污染物进行沉淀吸附，富集在河道底泥中，通过底泥微生物的矿化作用被转化为无机态化合物，在水生植物生长过程中，伴随光合作用和呼吸作用，底泥无机态营养物质被吸收合成为植物组织，最终通过植物收割移出系统。这种生态技术投资不大，虽然耗时，但在相应循环系统建立完整以后，可进行可持续性的污水治理。

湿地水体的自净作用是湿地植物、土壤和微生物共同作用的结果。促进水体流动可有效增强水体的活力，减少水中蚊虫滋生，对水体富营养化有很好的治理效果。通过开挖沟渠，沟通园内水系，可增加园内水体流通性，促进水体间的物质和能量交换，提高水体自净能力。同时沟渠也可起到承接泄洪、排污作用。其次让水面接受更多的光照有利于微生物分解污染物，加快水体净化效果。主要措施可体现在减少水面漂浮植物以及护岸大冠乔木的种植。第三点，可适当增加水面深度，使得水体竖向垂直流动增强，促进污染物的扩散。

（3）景观营造

湿地公园的水系景观营造应区别于一般水景公园的景观营造。湿地公园应注重湿地景观的特点，将水系构建、净化策略与湿地景观资源相结合。目前，湿地公园常营造的湿地景观主要包括沼泽湿地、湖泊湿地和河流湿地景观。

沼泽湿地主要产生于河流下游无尾河端头或汇水丰富的低洼地区域。城市中沼泽湿地常常面临的问题包括优势种突出和水源不足导致的陆地化趋势。因此，在规划中首先要对场地内优势种进行部分清除，增加沼泽湿地水体面积。其次通过人工补水丰富生境水源，促进区域地表水与地下水沟通，改善土壤环境，重新恢复生态群落的相互作用。

湖泊湿地主要产生于湖滨地带，其退化主要表现在湖泊面积缩小、水质变差、水体富营养化等。因此规划中应通过开挖引水增加湖面面积，清理底泥改善湿地水质。将人工岸线自然化，利用生态护坡技术在护岸扦插木条、埋设石笼以加固自然堤岸。在水中适当构建生态浮岛，以增加水陆交接地带的面积，促进“边缘效应”形成。

河流湿地主要产生于溪流、河流及其周围漫滩区域，其退化的主要原因来自人工河岸的砌筑及河道阻塞，因此在设计中应适当对岸线进行改造，去直取弯，恢复河道护岸自然特征，以增加水体与陆地的交界面。

2. 护岸设计

护岸作为水陆交界区域具有丰富的生物多样性，是湿地资源的特色区域。从休闲游憩的角度讲，护岸设计也为人类带来了接触湿地资源的机会。因此，处理自然护岸与人工砌筑护岸之间的关系，是湿地公园护岸设计的核心所在。

目前，湿地公园常用的护岸技术包括利用植物根系固土（种植杨树、柳树等乔木以及香蒲、芦苇等水生植物）；用木条、石笼对陡坡进行加固；利用卵石和木桩加固坡脚等。这些生物工程材料有利于与植物根系相缠绕，增强固岸效果，同时缠绕所形成的“漏洞”可为鱼类生存提供避风港。

（四）科学制定下渚湖湿地生态旅游规划

湿地生态旅游是利用湿地景观发展旅游，并通过湿地旅游来保护湿地生态，共同促进湿地生态的有效保护和湿地旅游的不常开展。为了更好地指导下渚湖湿地旅游开发，要在生态学原理指导下对下渚湖湿地进行科学的生态旅游规划，规划要体现保护险、生态性和知识性，科学确定旅游区的环境容量，合理划分旅游功能区和保护等级区，制定资源和环境保护专项规划，制定生态系统修复和治理措施。要立足下渚湖湿地环境承受力和旅游资源永续利用，从长远利益出发，探寻湿地旅游与生态环境协调发展模式，促进人与自然之间和谐共进。

（五）重视下渚湖社区居民参与旅游开发

通过旅游开发使当地居民受益，是生态旅游开发的重要特征，是生态旅游扶贫功能的体现。社区居民是湿地旅游发展的核心力量，他们既是湿地生态旅游积极的推动者，也可能成为潜在的破坏者，没有当地居民积极参与的生态旅游，很难取得持久的发展。社区居民参与旅游发展能够渲染地方文化氛围，提高居民文化水平；能改善社区的基础设施条件和生活条件；也能让居民得到实惠，从而调动群众的积极性，壮大湿地保护力量。因此，要采取行之有效的机制措施，使下渚湖社区居民参与到湿地生态旅游开发的各个环节中，确保当地居民的利益得到保障，下渚湖现行参与体制不顺，乡政府没有得到相应的收益与补偿，工作上缺乏积极性和主动性就是例证。

具体来说，社区居民（可以通过居委会、乡政府、或个体）参与湿地生态旅游可以有多种形式。在旅游规划阶段，开发商和当地政府应该征求当地居民的意见，要保证与社区居民一起制订开发计划，采纳合理的意见和建议；在湿地生态旅游的经营与管理过程中，社区居民可以部分入股参与旅游企业的经营；支持鼓励有条件的社区居民开办农家乐、湿地旅馆、餐馆及纪念品经营等服务项目，下渚湖湿地管委会和旅游区内的旅游企业应给社区居民优先的就业机会，在管理和服务部门保证雇用当地居民达到一定比例。

（六）加强湿地旅游专门人才培养与培训

湿地生态旅游对人才的需要是全方位的，需要旅游管理、湿地保护与管理、生态旅游、环境科学等多方面的专业人才，同时也需要生态旅游的导游和服务人员；当前，下渚湖旅游业人员素质普遍不高，人才紧缺，造成制度和服务无法有效跟进。为了下渚湖湿地生态旅游的持续健康发展，必须加强生态旅游人才引进和培养，提高从业人员的整体素质。可采取“送出去，引进来”和委托培养、培训等方式，培养一批与生态旅游发展相适应的专业人才，确保旅游开发、运营的科学性、高效性和规范性。也可聘请旅游学界、业界有关专家学者担任顾问，不断地进行交流和指导，以促进下渚湖湿地生态旅游的发展。

（七）设计开发具有下渚湖特色的生态旅游产品

有特色才有吸引力，设计具有特色的生态旅游产品，是下渚湖生态旅游开发的关键。要根据下渚湖旅游资源特征和区位条件，及目标市场需求趋势，考虑周边类似产品开发情况（如杭州西溪湿地），精心设计开发，尤其要突出原生态（相对西溪，下渚湖更接近原始和自然）和深入挖掘人文内涵（下渚湖游程中，旅游活动单一，缺少文化氛围），推出一系列生态旅游产品；生物多样性、观鸟旅游、科普教育、水上娱乐、田园度假、渔家风情、防风文化、游子文化、宗教文化等都可以成为开发主题。

另外，随着下渚湖湿地旅游的深入开展，游客对旅游商品需求也会增加。但目前旅游商品的开发还没有引起足够重视，应积极利用本地物产，结合本地文化和生态旅游特点，进行湿地旅游商品的发掘与开发。

（八）强化湿地旅游开发和经营过程的环境管理

湿地是脆弱的生态系统，周围环境的影响，不合理的开发利用都会导致湿地生态系统的破坏和功能退化，下渚湖管委会必须把湿地旅游开发与生态保护统一起来，旅游开发首先应考虑对湿地生态系统的影响，坚持保护优先，经济和社会效益要服从生态效益，只有确立“保护性开发”的思路，才能确保下渚湖生态旅游资源和生态环境的持续利用。

环境影响评价是使湿地资源环境在有效保护的前提下，适度、合理、有序开发其湿地旅游资源的手段之一。任何形式的旅游活动都不可避免地对湿地环境带来不同程度的影响，因此，在生态旅游开发和经营管理的整个过程都要进行环境影响评价，加强环境管理。开发阶段要按照旅游规划的功能分区，对旅游投资方案和开发项目进行环境影响评价，评价旅游项目的环境可行性，环境影响较大的旅游项目必须禁止，只有对湿地环境影响小、不会降低或损伤生态系统功能，或可恢复和补偿受损生态功能的旅游项目才可上马；在项目建设过程中和建成运营后，都要不间断地检查、监督环保措施是否落实，确保环境管理工作到位。

另外，要在维护下渚湖湿地生态平衡的基础上，合理布局旅游线路与景点，融环境保护于旅游活动全过程，确保把旅游活动对环境的影响降到最低。由于湿地生态系统的脆弱性和旅游设施的有限性，湿地旅游活动规模要有所节制，否则不但会破坏生态资源，还会使服务质量得不到保证；因此，要科学测定环境容量并在经营中对游客进行有效控制和管理，采取预约、票价浮动、拓展功能区等措施，合理控制和分流游客，保证旅游活动规模不超过旅游容量，减轻湿地生态环境压力。还应该设立生态监测站点，对生态环境进行连续监测，随时注意生态环境的变化；而对旅游活动产生的不良影响，应及时采取有效措施消除对自然环境的负面影响，维护湿地生态系统稳定。

参考文献

[1] 张玉钧，刘国强．湿地公园规划方法与案例分析 [M]．北京：中国建筑工业出版社，2012.

[2] 孙贤斌．湿地景观演变及其对保护区景观结构与功能的影响 [M]．合肥：中国科学技术大学出版社，2013.

[3] 但新球，但维宇，余本锋．湿地公园规划设计 [M]．北京：中国林业出版社，2013.

[4] 董婵，黄英豪，闵凡路．湿地植物与生态环境 [M]．天津：天津科学技术出版社，2013.

[5] 崔心红，等．城市湿地动态与健康评价 [M]．武汉：武汉大学出版社，2015.

[6] 叶思源，等．滨海湿地固碳能力评价技术与方法 [M]．武汉：中国地质大学出版社，2015.

[7] 张学峰，等．湿地生态修复技术及案例分析 [M]．北京：中国环境出版社，2016.

[8] 马广仁．中国湿地公园建设研究 [M]．北京：中国林业出版社，2016.

[9] 吕宪国，邹元春．中国湿地研究 [M]．长沙：湖南教育出版社，2017.

[10] 赵阳国，等．辽河口湿地水生态修复技术与实践 [M]．北京：海洋出版社，2017.

[11] 董鸣．城市湿地生态系统生态学 [M]．北京：科学出版社，2018.

[12] 左小强．城市生态景观设计研究 [M]．长春：吉林美术出版社，2018.

[13] 汪辉，等．湿地公园生态适宜性分析与景观规划设计 [M]．南京：东南大学出版社，2018.

[14] 符史雷．城市生态湿地公园景观设计探讨 [J]．现代园艺，2020，43（18）：70-71.

[15] 张曼婕．城市湿地公园资源评价体系建设研究 [J]. 绿色科技，2020（17）：32-33.
[16] 杨丽红．湿地保护与合理利用的思考 [J]. 新疆林业，2020（04）：10-12.
[17] 黄颖慈．地域文化视角下城市湿地公园景观规划设计 [J]. 美与时代（城市版），2020（08）：48-49.
[18] 王思腾，李光浩．谈湿地公园的生态设计 [J]. 工程建设与设计，2020（13）：123-125.
[19] 郭静姝．基于生态修复理念的湿地公园景观设计的发展 [J]. 工业建筑，2020，50（06）：206.
[20] 廖子清．城市湿地公园的生态服务价值与生态旅游经济价值：以成都市兴隆湖为例 [J]. 绿色科技，2020（08）：24-25.
[21] 杜煜文．湿地公园建设中的湿地保护与恢复措施探讨 [J]. 科技经济导刊，2020，28（13）：75-76.
[22] 吴沛霖，朱程亮，赵杰，等．基于水文要素的河流湿地公园设计方案优化 [J]. 中国给水排水，2020，36（09）：89-93.
[23] 董颖．城市湿地公园景观规划的协同化设计 [J]. 城市建筑，2020，17（12）：154-156.
[24] 孙威，孙源．浅谈湿地公园营造技术 [J]. 建材与装饰，2020（10）：48-49.
[25] 王翔．湿地保护的重要性与湿地生态保护措施分析 [J]. 科技风，2020（09）：149.
[26] 王凯红．湿地公园建设中的湿地保护与恢复措施探究 [J]. 南方农业，2020，14（08）：44-45.
[27] 刘玉玲．浅析湿地公园景观环境的营造与改善 [J]. 水利水电工程设计，2020，39（01）：22-24.
[28] 乔亚峰，李卫红，张豪峰．湿地公园建设中的湿地保护与恢复措施 [J]. 现代园艺，2020，43（03）：119-120.